Hans Hinrich Sambraus

Farbatlas

Seltene Nutztiere

240 gefährdete Rassen aus aller Welt

243 Farbfotos

Ulmer

Vorwort

Die Gefährdung alter, bodenständiger Landrassen ist nicht nur ein mitteleuropäisches, ja nicht einmal ein nur europäisches Problem. Sie gilt weltweit, nur wird das Problem bei uns möglicherweise mit größerer Aufmerksamkeit wahrgenommen. Diesen Eindruck habe ich jedenfalls auf meinen Reisen in über 50 Länder gewonnen. Die Bemühungen um die Erhaltung von autochthonen Rassen als Genreserve und Kulturgut verfolge ich seit nahezu 30 Jahren. Es ist rückblickend kaum noch zu sagen, ob die Sehnsucht nach Land und Leuten mich in ferne Länder trieb und das Aufsuchen der dort heimischen Nutztierrassen ein wichtiger Nebeneffekt war, oder ob letztere – als bedeutender Bestandteil der bäuerlichen Kultur – nicht doch als Ursache im Vordergrund standen.

Globalisierung heißt nicht nur, scheinbar segensreiche Handelsprodukte weltweit zu verbreiten. Sie bedeutet in gleichem Maße, Schwächeren bei anstehenden Problemen Hilfe anzubieten.

Ich danke Frau Anne Marie Maier-Stratopoulos für ihre tatkräftige Unterstützung, die kritischen Anmerkungen und ihre rasch erworbene Sachkenntnis. Den Mitarbeitern der GEH-Geschäftsstelle in Witzenhausen, besonders Juliane Kirna, bin ich für wertvolle Hinweise und Auskünfte bei kniffligen Fragen sehr dankbar. Frau Irmgard Bonigut hat in bewährter Weise umsichtig und sorgfältig das Manuskript erstellt. Dem Verlag Eugen Ulmer, und dort in besonderer Weise Frau Dr. Eva-Maria Götz, danke ich für die Aufgeschlossenheit, Geduld und behutsame, richtungweisende Anregungen. Möge das Buch dazu beitragen, dass unsere Erde durch Erhaltung gefährdeter Rassen nicht noch mehr von ihrer Farbenvielfalt einbüßt.

Hans Hinrich Sambraus, München

Inhalt

Einführung 4
Erklärung der Piktogramme 7

Die Rassen von A bis Z 8

Rinder 10

Schafe 83

Ziegen 148

Pferde 171

Esel 218

Schweine 224

Serviceseiten 251
Listen der Rassen des Jahres
Deutschland und Österreich 252
Adressen 252
Literatur 253
Register 254
Bildquellen 256

Einführung

Rassen im heutigen Sinn gibt es bei den Nutztieren erst seit der zweiten Hälfte des 18. Jahrhunderts. Den Anfang machten der Engländer Robert Bakewell (1725–1795) und seine Schüler, die züchterisch nach klaren Prinzipien vorgingen. Wichtig war einerseits ein eindeutiges **Zuchtziel**, so dass durch angemessene Auswahl der zur Zucht weiter verwendeten Tiere ein Zuchtfortschritt erzielt werden konnte. Zum anderen müssen sich die Tiere einer Rasse zumindest in einem äußerlich erkennbaren Merkmal gleichen und gleichzeitig von anderen Rassen derselben Region unterscheiden.

Unter **Rasse** versteht man also eine Gruppe von domestizierten Tieren, die einander im Aussehen und in ihrer Zuchtgeschichte, aber auch in ihrer Leistung, ihrem Verhalten sowie in physiologischen Merkmalen weitgehend gleichen. Auf diese Weise kann man aus dem Aussehen annähernd auf die Leistung schließen. Entspricht ein Tier nicht dem **Rassestandard**, muss mit einer Einkreuzung und folglich mit einer Minderung der gewünschten Leistung gerechnet werden.

Weltweit gesehen gibt es bei den in **Mitteleuropa** traditionell gehaltenen Tierarten jeweils eine große Zahl von Rassen (Tab. 1). Bei Rindern, Schafen und Pferden sind es je mehr als 1000, bei Pferd, Ziege und Schwein viele hundert. Lediglich beim Esel geht die Zahl nicht über hundert hinaus. Nur wenige Rassen, wie Holstein-Friesian beim Rind und die Landrasse beim Schwein, sind weltweit verbreitet; sie verdrängen oft bodenständige, angepasste Rassen.

Etliche Rassen kommen länderübergreifend vor. Diese Rassen sind in ihrem Bestand kaum bedroht. Die meisten Rassen kommen jedoch nur in einem einzigen Land, und dort oft nur in einer kleinen Region vor. Sie sind zumeist in ihrem Bestand durch Verdrängung, Kreuzung oder Epidemien gefährdet.

Tab. 1 Ausmaß der Gefährdung bei den traditionellen Nutztierarten weltweit (World Watch List for Domestic Animal Diversity der FAO, geändert)

Tierart	Rassen insgesamt	Gefährdet	Anzahl in %	Ausgestorben
Rind	1174	479	40,8	155
Schaf	1314	267	20,3	181
Ziege	570	101	17,7	17
Pferd	726	305	40,6	94
Esel	97	20	20,6	6
Schwein	501	164	32,9	151

Rassevielfalt oder Bedrohung?

Die Zahl und auch der Anteil vom Aussterben bedrohter Rassen sind beim **Rind** am größten. Hier liegt die Ursache in der weltweiten Verbreitung einiger Milch- und Fleischrassen. Auch die hohe Anzahl ausgestorbener Rassen bei dieser Tierart ist auffallend.

Schafe haben sich gut an lokale Bedingungen angepasst. Sie sind durch andere Rassen schwer zu ersetzen. Auf diese Weise ist bei ihnen der geringe Anteil gefährdeter Rassen zu erklären. Zwar sind beim Schaf mehr Rassen als bei den anderen Tierarten ausgestorben. Hier muss jedoch beachtet werden, dass die Rassenvielfalt bei dieser Tierart weitaus am größten ist; der Prozentsatz untergegangener Rassen ist deshalb gering.

Bei der **Ziege** liegt der Anteil gefährdeter Rassen unter 20 %. Ziegen werden in weiten Teilen der Welt nur dort gehalten, wo andere Nutztiere kein Auskommen mehr finden. Sie sind deshalb auch nicht durch anspruchsvollere Hochleistungstiere zu ersetzen.

Beim **Pferd** ist der Anteil gefährdeter Rassen nahezu so hoch wie beim Rind. Dies ist eine Folge der Motorisierung, die nicht nur in den Industriestaaten, sondern auch in den technisch weniger entwickelten Ländern Einzug gehalten hat. Nahezu 100 Rassen sind als Folge der Umstrukturierung der Landwirtschaft im vergangenen Jahrhundert ausgestorben.

Der **Esel** hatte in Mitteleuropa nie große Bedeutung. Hier gab es nicht einmal eine eindeutig definierte Rasse. Er ist ein Tier semiarider Zonen, dort aber kaum zu ersetzen. Man kann davon ausgehen, dass alle europäischen Eselrassen in ihrem Bestand gefährdet sind. Zwar sind nur wenige Rassen ausgestorben, der Esel ist aber auch unter den hier berücksichtigten Tierarten diejenige mit der geringsten Rassenvielfalt.

Auf **Schweinen** liegt in weiten Teilen der Erde ein religiöses oder kulturelles Tabu. In anderen Gebieten können wegen der klimatischen Gegebenheiten oder weil sie Nahrungskonkurrenten des Menschen sind keine

Tab. 2 Anzahl der gefährdeten Säugetierrassen in den einzelnen Erdteilen, Dezember 1999 (World Watch List for Domestic Animal Diversity der FAO, geändert)

Kontinent	Rinder	Schafe	Ziegen	Pferde	Esel	Schweine
Europa	208	192	66	213	11	122
Asien	28	21	8	19	2	16
Nordamerika	12	26	9	11	1	10
Südamerika	19	4	0	4	0	11
Afrika	30	19	1	14	2	4
Naher Osten	2	5	7	11	5	1

Schweine gehalten werden. Die Zahl der Rassen ist dennoch insgesamt beträchtlich. Bei dieser Tierart ist der Anteil der vom Aussterben bedrohten Rassen auffallend hoch. Dies ist offenbar eine Folge der Verdrängung durch schnellwüchsige europäische und nordamerikanische Rassen, die wenig Fett ansetzen.

Dass Nutztierrassen vom Aussterben bedroht sind, betrifft zwar insbesondere Europa, ist aber doch ein weltweites Problem (Tab. 2). Es gibt nur wenige Bereiche auf der Erde, in denen an den traditionellen Rassen festgehalten wird. Doch ist auch hier beim Fortschreiten der Technisierung und einer dringend wünschenswerten Verbesserung der ökonomischen Situation mit einem Rassenschwund zu rechnen. Hier rechtzeitig einzuschreiten und die fraglichen Länder auf den kulturellen Wert und die Angepasstheit ihrer bodenständigen Rassen aufmerksam zu machen ist eine dringende Aufgabe der nahen Zukunft.

Vielfalt sichert Zukunft

Haustierrassen sind zum Teil Ergebnis einer Anpassung an die örtlichen Gegebenheiten, sie wurden aber vor allem durch den Menschen geschaffen. Rassen sind ein **Kulturgut** wie Bau- und Kunstdenkmäler. Sie besitzen einen Eigenwert und sind durch nichts zu ersetzen. Viele Rassen gehen in ihrem Bestand zurück oder sind gar ausgestorben, weil sie dem augenblicklichen Zuchtziel nicht entsprechen. Gegenwärtig ist Quantität gefragt: Eine große Milchmenge, hohe tägliche Zunahmen, viele Eier und ähnliches. Aber wie steht es mit der **Qualität**? Gefährdete Rassen sind im Allgemeinen robust und genügsam, sie besitzen auffallend gute Muttereigenschaft und bestechen durch den besonderen Geschmack ihrer Produkte.

Erhaltung der **Biodiversität** hört nicht bei der Arterhaltung auf. Nicht nur die Unterarten von Wildtieren sondern auch die Rassen von domestizierten Lebewesen stellen genetisch etwas Eigenständiges dar. Ein großer und variantenreicher Genpool kann auf Änderungen der Umweltbedingungen besser reagieren.

Darüber, wann eine Rasse in ihrem Bestand gefährdet ist, gehen die Ansichten auseinander und hängt vor allem von der Tierart ab. Im Allgemeinen gilt Folgendes.

Die Grenzen zur Gefährdung
Rinder: Weniger als 1000 Kühe oder zwischen 1000 und 5000 Kühen bei sinkender Zahl oder weniger als 20 nicht miteinander verwandte Stiere.
Schafe und Ziegen: Weniger als 500 Muttertiere oder zwischen 500 und 1000 Muttertieren bei sinkender Zahl oder weniger als 20 nicht miteinander verwandte Böcke.
Schweine: Weniger als 200 Sauen oder zwischen 200 und 500 Sauen bei sinkender Zahl oder weniger als 20 nicht miteinander verwandte Eber.

Der Rat der Europäischen Gemeinschaft schlägt dagegen vor, Rassen bereits mit deutlich höherer Tierzahl als gefährdet anzusehen: weniger als 5000 Tiere bei Rinder- und Ziegenrassen, weniger als 7000 Individuen bei Schafrassen. Gelegentlich wird die Ansicht vertreten, dass bereits Rassen mit weniger als 10 000 Tieren als potenziell bedroht anzusehen sind.

Um Schutz bemüht

Seit ungefähr 30 Jahren setzen sich innerhalb und außerhalb Europas zahlreiche **Gesellschaften für die Erhaltung** alter und gefährdeter Rassen in ihren Ländern ein (Eine Liste dieser Rassen findet der Leser im Anhang). Seitdem ist in ihrem Wirkungsbereich keine Rasse mehr verloren gegangen. Doch der Verlust von Rassen ist ein weltweites Problem.
Ständig verschwindet immer noch irgendwo auf dieser Erde eine Rasse und damit verliert sie ein weiteres Stück ihrer Vielfalt und Farbigkeit, eine Region einen Teil ihrer Identität.

Erklärung der Piktogramme

Widerristhöhe
Gibt die Höhe des männlichen und weiblichen Tieres in cm an.

Körpergewicht
Gibt das Gewicht des männlichen und weiblichen Tieres in kg an.

Ursprungsland
Gibt das Ursprungsland oder die Ursprungsregion der Rasse an.

Gefährdung
Es scheint sinnvoll, Rassen nach dem Ausmaß ihrer **Gefährdung** in verschiedene **Kategorien** einzuteilen. Diese mit Worten zu benennen ist problematisch. Wer kann den Unterschied zwischen „bedroht“ und „gefährdet“ erklären? In dem vorliegenden Buch wurde ein anderer Weg gewählt: Das Piktogramm im Porträt der jeweiligen Rassen zeigt bis zu fünf Sterne.
Ein Stern bedeutet, dass eine Rasse mit begrenzter Tierzahl nur in einem kleinen Bereich vorkommt. Ihre Gefährdung liegt darin, dass Seuchenzüge und eventuell notwendige veterinärmedizinische Maßnahmen, (fast) das Ende dieser Rasse bedeuten könnten. Fünf Sterne bekommt eine Rasse mit sehr geringer Individuenzahl oder bei Bedrohung kleiner Bestände durch Fremdblut bzw. bei sinkender Tierzahl.

Die Rassen von A bis Z

Rinder	10
Schafe	83
Ziegen	148
Pferde	171
Esel	218
Schweine	224

Stier 145 Kuh 140	Stier 1100 Kuh 650	Halbinsel Angeln, D	*****

Angler

Angeliter, Angeln (engl.)

Kennzeichen: Mittelrahmig. Einfarbig dunkelrotes Rind. Seit Einkreuzung einer schwedischen Rasse vereinzelt weiße Flecken an der Unterseite. Flotzmaul, Zunge und Gaumen dunkelgrau. Klauen schwarz. Feiner Knochenbau.
Zuchtgeschichte: Der erste schriftliche Nachweis stammt aus dem 17. Jahrhundert. 1879 wurde das erste Herdbuch angelegt. Erzielten schon im 19. Jahrhundert auf zahlreichen internationalen Ausstellungen hervorragende Beurteilungen. Angler wurden in viele deutsche Rotviehschläge eingekreuzt; sie werden heute mit diesen gemeinsam erfasst. Seit dem 19. Jahrhundert Exporte in osteuropäische Länder. Verwandt mit dem Roten Dänischen Rind. Seit Jahrzehnten stetig langsamer Rückgang der Bestände. Reine Angler sind selten, da in die Population ein schwedisches rotbuntes Rind eingekreuzt wurde.
Verbreitung: Halbinsel Angeln an der Ostsee. Vereinzelt im übrigen Deutschland. Viele Rotviehbestände sind durch Verdrängungskreuzung praktisch reine Angler-Herden.
Leistung: Milchbetontes Zweinutzungsrind. Jahresmilchleistung 8000 kg. Mit 4,7 % sehr hoher Fettgehalt (wurde früher als „Deutsche Butterkuh" bezeichnet). Mäßig bemuskelt. Frohwüchsig. Frühreif; das Erstkalbealter liegt bei 28 Monaten. Leichte Kalbungen. Geringe Kälberverluste. Gute Fleischqualität. Tägliche Zunahmen der Mastbullen 1200 g.
Nutzung: Hauptnutzung Milch, Fleisch.
Organisation: GEH

Stier 150 Kuh 140	Stier 1100 Kuh 700	Mittelfranken, D	*****

Ansbach-Triesdorfer

Kennzeichen: Rotweißes Rind mit ursprünglich kleinfleckiger Scheckung auf viel Weiß. Unterbeine und Kopf weitgehend pigmentiert. Tiefrumpfig, gut bemuskelt. Kräftiges Fundament. Dunkle Klauen. Gehörnt.

Zuchtgeschichte: Im 18. Jahrhundert durch Einkreuzung von schwarzbunten Rindern aus Ostfriesland und Holland in den einheimischen Landschlag entstanden. Etwas später wurden auch schwarzbunte Höhenrinder aus der Westschweiz eingekreuzt. Das Ergebnis führte zu der typischen kleinscheckigen „Tigerung" und zu enorm großen und schweren Tieren. Allerdings kamen häufig auch Rinder anderer Färbung vor. Deshalb unterschied man lange Zeit zwischen „Tiger-" und „Mohrentypen". Durch das 1888 erlassene Körgesetz musste man sich auf einen Typ festlegen. Diese Maßnahme verringerte die Zuchtbasis drastisch. Anfang des 20. Jahrhunderts gab es noch 120, zwanzig Jahre später nur noch zwölf gekörte Stiere. Bald waren keine reinrassigen Tier mehr vorhanden. Aus den Kreuzungstieren selektierte man seit 1987 auf den ursprünglichen Typ. Heute gibt es wieder eine beachtliche Zahl rassetypischer Tiere. Bei einem Fremdgenanteil von höchstens 12,5% wird die Rasse von der Bayerischen Regierung finanziell gefördert.

Verbreitung: In der Gegend von Triesdorf/Mittelfranken; vor allem bei Herrieden.

Leistung: Fleischbetontes Zweinutzungsrind. Die Milchleistung liegt bei 5000 kg pro Jahr. Hoher Ausschlachtungsgrad.

Nutzung: Hauptnutzung Milch, Fleisch.

Organisation: GEH

Stier 135–140 *Kuh 125–130*	*Stier 900–1200* *Kuh 600–700*	*Cevennen und Umgebung, F*	*

Aubrac

Kennzeichen: Mittelrahmig. Gut bemuskelt. Gelb bis dunkles Rotbraun. Bullen an Kopf, Hals und Vorderbeinen nahezu schwarz. Dunkles Flotzmaul, dessen Umgebung hell behaart. Schwanzquaste schwarz. Ausladende helle Hörner mit schwarzer Spitze.
Zuchtgeschichte: Im 16. Jahrhundert im Benediktinerkloster von Aubrac aus bodenständigen Rindern entwickelt. Im 19. Jahrhundert wurde insbesondere Shorthorn, aber auch Devon und Highlands aus Großbritannien sowie Braunvieh aus der Schweiz eingekreuzt. 1888 wurden die Richtlinien für die Zucht festgelegt; ein Herdbuch gibt es seit 1893. Seit 1914 besteht eine Züchtervereinigung. Im Laufe der Zeit wurden ähnliche französische Rinderschläge wie Gévaudan, Cevennes und Mézenc in die Rasse einbezogen. Die Population ging in der zweiten Hälfte des 20. Jahrhunderts deutlich zurück.
Verbreitung: In Frankreich im Zentralmassiv und den sich nördlich anschließenden Gebieten. In etlichen anderen europäischen Ländern, zum Beispiel in Deutschland. Hier üblicherweise als Mutterkühe.
Leistung: Fleischbetontes Zweinutzungsrind. Das Erstkalbealter liegt bei 35 bis 36 Monaten. Leichte Kalbungen. Guter Mutterinstinkt der Kühe. Langlebig. Die durchschnittliche Jahresmilchleistung liegt bei 4000 kg mit 4,1 % Fett. Tägliche Zunahmen der Kälber 800 bis 1000 g.
Nutzung: Hauptnutzung Fleisch, untergeordnet Milch.
Organisation: IEDG

↕ Stier 120 Kuh 115	Stier 400 Kuh 350	Baskenland, Nordspanien	⚠ *****

Betizu

Betiso, Betizuak, Betisoak (bask.)

Kennzeichen: Klein. Gelbrot. Umgebung des Flotzmauls, Augenringe, Unterbeine sowie Unterschwanzregion sind aufgehellt. Helles Flotzmaul. Gehörnt.
Zuchtgeschichte: Bodenständige Rasse des Baskenlandes, sowohl in Spanien als auch in Frankreich. Wird zunehmend von anderen Rassen verdrängt oder mit ihnen gekreuzt. Es gibt nur noch wenige hundert reinrassige Tiere. Das Wort „betizu" kommt aus dem Baskischen. Es leitet sich von „Behi" = Kuh und „izua" = scheu her ab.
Verbreitung: Baskenland/Nordspanien, Südfrankreich.
Leistung: Robust und anspruchslos. Ist teilweise verwildert, und wurde früher gejagt. Die Tiere sind deshalb sehr scheu. Die Vorderviertel sind besser entwickelt als die Hinterviertel.
Nutzung: Hauptnutzung Fleisch, untergeordnet Landschaftspflege, Hobby.
Organisation: SERGA

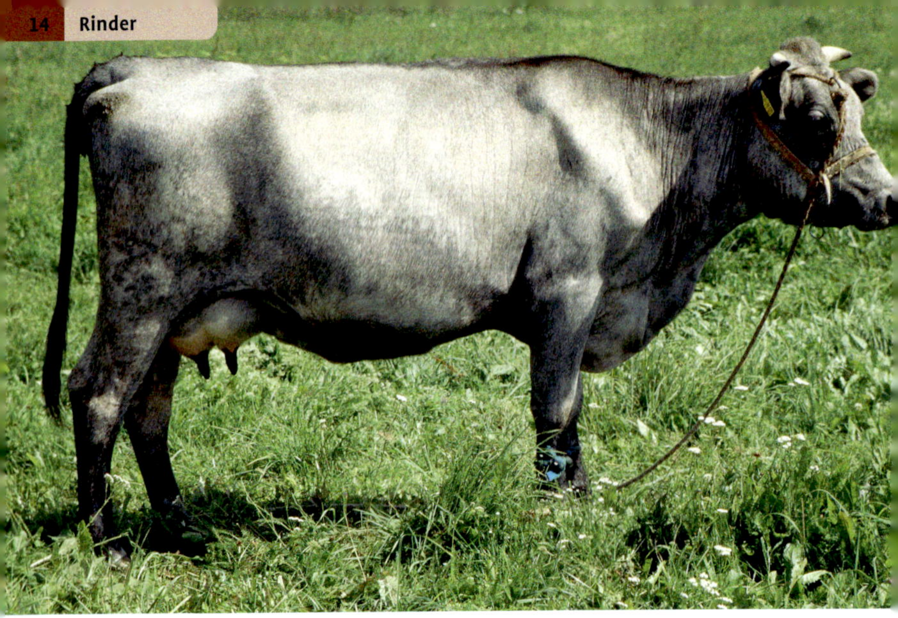

Stier 130–135 Kuh 121–131	Stier 950–1000 Kuh 450–550	Litauen	*****

Blaues Litauisches Rind

Lietuvos Šemieji (lit.), Lithuanian Light Grey (engl.)

Kennzeichen: Mittelgroß. Hellgrau, blaugrau und aschgrau. Manchmal Kopf und/oder Beine nahezu weiß. Gelegentlich bräunlicher Anflug. Leichter Körperbau. Gehörnt.
Zuchtgeschichte: Alte einheimische litauische Rasse. Durch Einkreuzung anderer Rassen ist dieses Rind nahezu ausgestorben. Insbesondere in der zweiten Hälfte des vergangenen Jahrhunderts ging die Zahl der Tiere drastisch zurück. Abgesehen von Einzeltieren wurden zwei Herden als Genreserve aufgebaut. Spermaproben wurden tiefgefroren. Es sind einige litauische Tierzuchtinstitutionen für die Erhaltung dieser Rasse verantwortlich.
Verbreitung: Süden von Litauen, Einzeltiere in Lettland.
Leistung: Anpassungsfähig. Leichtfuttrig, ruhiges Temperament. Gute Krankheitsresistenz. Die durchschnittliche Jahresmilchleistung liegt bei 4500 kg mit 4,4 % Fett und 3,3 % Eiweiß.
Nutzung: Hauptnutzung Milch, Fleisch.
Organisation: Lithuanian Veterinary Academy

Stier 150 Kuh 130–140	Stier 900–1000 Kuh 850	Mittelengland, GB	***

British Longhorn

Longhorn, English Longhorn (engl.)

Kennzeichen: Mittelgroß. Pigmentierung dunkelrot, braun, rot-schimmelfarben oder gestromt. Umlaufender weißer Steifen am Widerrist beginnend (wie beim Pinzgauer Rind). Kopf und Beine teilweise pigmentiert, Schwanz weiß. Extrem lange Hörner, die zunächst zur Seite, dann nach unten und schließlich nach vorn zeigen.
Zuchtgeschichte: Schon im 17. Jahrhundert wurden Rinder mit langen Hörnern in England und Irland beschrieben. Aus solchen Tieren züchtete Robert Bakewell kurz nach der Mitte des 18. Jahrhunderts eine Population. Longhorn ist damit die erste einigermaßen durchgezüchtete Rasse überhaupt. Doch schon nach wenigen Jahrzehnten wurden die Longhorns weitgehend durch Shorthorn verdrängt. In der zweiten Hälfte des 19. und im 20. Jahrhunderts hielt nur noch eine Hand voll von Enthusiasten diese Rasse. 1988 gab es in 72 Beständen 450 Longhorns. Seitdem deutlicher Aufschwung. Die Rasse hat keinerlei genetische Beziehung zu Texas Longhorn.
Verbreitung: Großbritannien. Ein bedeutender Bestand in der Eifel (D).
Leistung: Besonders zur Mutterkuhhaltung geeignet. Relativ spätreif. Leichte Kalbungen. Gute Milcheigenschaften. Leicht zu handhaben. Langlebig. Der Schlachtkörper hat eine gute Fettabdeckung. Das Fleisch ist deshalb besonders gut zum Grillen geeignet.
Nutzung: Hauptnutzung Fleisch, untergeordnet Landschaftspflege.
Organisation: RBST

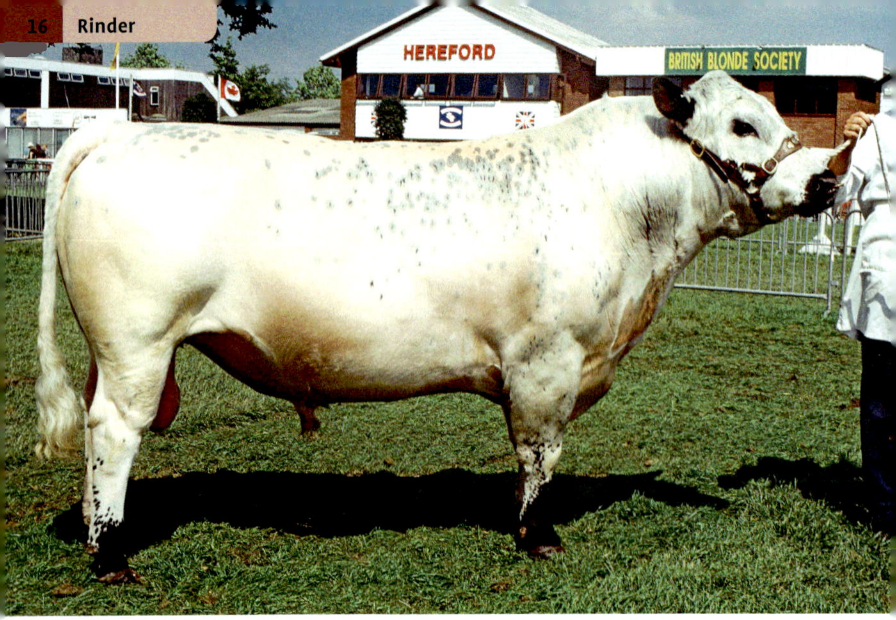

Stier 120 *Kuh 110*	*Stier 800–900* *Kuh 500–600*	*Nordwest- und* *Ostengland, GB*	***

British White

Kennzeichen: Mittelgroß. Weiß, evtl. mit kleinen Pigmentflecken. Flotzmaul, Augenlider, Innenseite der Ohren, Zitzen und Fesseln pigmentiert (in der Regel schwarz, gelegentlich rot). Genetisch hornlos.

Zuchtgeschichte: Hornlose Tiere diesen Typs gibt es schon sehr lange. Lange Zeit wurden White Park Cattle und British White, die sich nur durch die Behornung unterscheiden, im gleichen Herdbuch geführt. Erst 1948 trennten sich die Züchter hornloser Tiere von denen der gehornten und machten ein eigenes Zuchtbuch auf. Von dort an wurde der jetzt gebräuchliche Name üblich. Um die Rasse zu festigen, wurden 1949 zwei Bullen des Fjällrindes eingekreuzt. Gegenwärtig züchtet man zwei Linien: einen stärker bemuskelten im Sinne des Fleischrindes und einen schlankeren, der mehr der Ausgangsrasse White Park Cattle entspricht.

Verbreitung: England, USA, Australien, Neuseeland, in Deutschland fast nur in Tierparks.

Leistung: Ursprüngliches Zweinutzungsrind mit recht guter Milchleistung. Die Kühe produzieren mehr Milch als das eigene Kalb trinken kann, deshalb gelegentlich Nutzung als Ammenkühe. Gute Raufutterverwerter. Der Rasse wird nachgesagt, Abkalbeprobleme zu haben. Dies könnte eine Folge der verhältnismäßig großen Kälber sein. Hervorragende Fleischqualität.

Nutzung: Hauptnutzung Fleisch, untergeordnet Landschaftspflege.

Organisation: RBST

Stier 130 Kuh 120	Stier 500 Kuh 375	Naher Osten	***

Cabannina

Kennzeichen: Klein. Braun mit hellem Längsstreifen auf der Mitte des Rückens. Gehörnt.
Zuchtgeschichte: Die Rasse ist in Ligurien, in der Gegend von Genua, beheimatet. Das Verbreitungsgebiet erstreckt sich um das Dorf Cabanne. 1940 gab es noch ungefähr 10 000 Tiere dieser Rasse. 1987 war der Bestand an reinrassigen Individuen auf 280 geschrumpft. Damals begann man mit einem Erhaltungsprogramm. Im Herdbuch standen 1992 sowohl 235 Kühe als auch 20 Stiere. Molekulargenetische Untersuchungen haben ergeben, dass Cabannina (und drei weitere italienische Rinderrassen) nicht eng mit den übrigen italienischen Rassen sowie den Rassen Mittel- und Nordeuropas zusammenhängen. Sie stehen Rinderrassen in der Türkei und dem Nahen Osten auffallend nahe. Da das Gleiche für Menschen in dieser Gegend gilt, nimmt man an, dass Einwanderer von dort die Tiere in das jetzige Verbreitungsgebiet mitgebracht haben. Von acht Stieren wurden Spermaproben als Genreserve tiefgefroren.
Verbreitung: Ligurien/Italien.
Leistung: Die Jahresmilchmenge beträgt knapp 3000 kg mit 3,8 % Fett und 3,2 % Eiweiß. Die Tiere werden im Allgemeinen ganzjährig im Stall gehalten. Die täglichen Gewichtszunahmen der Jungtiere betragen 600 g. Ausschlachtung unter 60 %.
Nutzung: Hauptnutzung Milch, Fleisch.
Organisation: AIA

Stier 122 Kuh 115	Stier 500 Kuh 350	Provinz Orense, E; Nordportugal	****

Cachena

Barrosã ananicado (pol.)

Kennzeichen: Kleinrahmig. Gelb bis rotbraun. Stiere dunkler. Flotzmaul, Klauen und Hornspitzen sind schwarz. Schwarzer Anflug an Wamme und Ohrrändern. Helle Umrandung von Flotzmaul und Augen. Kurzer, breiter Kopf. Lange weit ausladende, geschwungene Hörner.
Zuchtgeschichte: Bodenständige Rinder im Grenzgebiet von Nordwest-Spanien und Portugal. Sie gelten als kleine Form des portugiesischen Borrosa-Rindes. Früher waren die Kühe dieser Rasse nur 100 cm hoch. Im Herdbuch sind weniger als 100 Kühe. Embryonen sowie Spermaproben von etlichen Stieren wurden als Genreserve tiefgefroren. Für die Haltung gibt es eine staatliche Prämie. In Nordportugal lebt ein kleiner Typ des Barrosa-Rindes, der mit Cachena nahezu identisch ist, halbwild in den Bergen. Wegen der langen Hörner wird ein prähistorischer Einfluss von hamitischen Rindern angenommen. Von einigen Stieren wurden Spermaproben tiefgefroren.
Verbreitung: Spanien, Portugal. Beträchtlicher Bestand in Deutschland.
Leistung: Robust und anspruchslos. Spätreif; Erstkalbung mit drei Jahren. Die Milch reicht im Allgemeinen nur zur Ernährung des Kalbes; gemolken wird selten. Heute noch zum Teil als Arbeitsrind genutzt. Leichtkalbig. Guter Mutterinstinkt der Kühe. Ruhiges Temperament; ausdrucksvolles Wesen. Anspruchslos und robust.
Nutzung: Hauptnutzung Fleisch, Arbeit.
Organisation: SERGA

Stier 125–130
Kuh 115–120

Stier 350–450
Kuh 250–300

Südfrankreich

***

Camargue-Rind

Raço di Biòu

Kennzeichen: Knapp mittelgroßes, schlankes Rind. Im Allgemeinen einfarbig schwarz; ausnahmsweise gescheckte oder braune Tiere. Forkenartige Hornform: die Hörner gehen zunächst zur Seite, dann nach vorn und die Spitzen schließlich nach oben.

Zuchtgeschichte: Die Vorfahren dieser Rasse leben schon seit vielen Jahrhunderten in den Sümpfen der Rhônemündung. Bis Ende des 18. Jahrhunderts hielt man sie wegen des Fleisches. Ochsen wurden zur Arbeit herangezogen. 1868 kreuzte man sechs Spanische Kampfrinder ein. Ende des 19. Jahrhunderts betrug die Zahl der vorhandenen Tiere 4000. In der zweiten Hälfte des 20. Jahrhunderts allmähliche Verdrängung durch Spanische Kampfrinder bzw. Kreuzung mit diesen. Gegenwärtig nur noch wenige reinrassige Bestände. Die Tiere werden halbwild in den Sümpfen der Camargue gehalten.

Verbreitung: Rhônemündung (Camargue) sowie in den sich östlich (Provence) und westlich (Languedoc) anschließenden Gebieten.

Leistung: Die Rasse wird vor allem wegen ihrer Kampfbereitschaft gehalten. Zwar spricht man vom „Stierkampf“, doch im Allgemeinen werden für die Kämpfe Kühe oder Ochsen herangezogen. Stiere sind außerordentlich gefährlich. Berühmt wurde der um 1930 lebende Stier „Le Sanglier“, der beim Kampf sieben Personen tötete. In der Camargue werden die Rinder beim Kampf nicht getötet.

Nutzung: Hauptnutzung Sport, untergeordnet Fleisch.

Organisation: IEDG

↕ Stier 115 Kuh 110	Stier 350–400 Kuh 300	Chillingham, GB	⚠ *****

Chillingham-Rind

Chillingham White Cattle

Kennzeichen: Klein. Weiß; gegentlich mit spritzerartiger Pigmentierung an den Körperseiten. Innere Ohrseite rot. Flotzmaul dunkel. Weitausladende, geschwungene Hörner. Hornspitzen dunkel.
Zuchtgeschichte: Gelegentlich wird angenommen, das Chilingham stamme direkt vom Auerochsen ab. Dies hat sich als falsch erwiesen. Nach DNA-Analyse stammt diese Rasse von entkommenen Hausrindern ab. Schon im 13. Jahrhundert wurde um den Besitz des Lord Tankerville eine Mauer gebaut. Zumindest seit damals leben weiße Rinder in dem etwa 1,5 km^2 großen Gelände. Im 18. und 19. Jahrhundert wurden alle Kälber mit schwarzen Ohren ausgesondert. Im Januar 1947, nachdem 60 Tage viel Schnee gelegen hatte, starb ein erheblicher Teil der Herde. Von den ursprünglich 34 Tieren überlebten nur acht Kühe und fünf Bullen. Der Bestand erholte sich. Üblicherweise umfasst die Herde 40 bis 50 Tiere. 2006 waren es 62 Individuen. In den 60er Jahren des vergangenen Jahrhunderts wurden zwei Kühe und ein Bulle in den Norden Schottlands gebracht. Dieser Bestand umfasst inzwischen 20 Tiere.
Verbreitung: Chillingham/Nordostengland, Nordschottland.
Leistung: Extrem widerstandsfähig, anspruchslos und robust. Spätreif. Die Kühe sind gute Mütter. Ausgeprägte soziale Rangordnung. Boss ist der „Königsbulle“.
Nutzung: Hauptnutzung Landschaftspflege, Haut/Fell.
Organisation: RBST

Stier 141 Kuh 125–130	Stier 600–700 Kuh 400–500	Brasilien	****

Crioulo-Lageano

Franqueiro (port.), Lages Criollo (span.)

Kennzeichen: Großrahmig. Kräftiger Körperbau. Viele verschiedene Färbungen: schwarz, braun und weiß sowie Kombinationen dieser Farben. Häufig vertreten sind Tiere mit braunen Seitenplatten und umlaufendem weißen Streifen, aber auch viele andere Färbungen sowie gestromte Tiere. Lange, weit ausladende Hörner. Dunkles Flotzmaul.

Zuchtgeschichte: Es wird vermutet, dass diese Rasse von alten, langhörnigen, hamitischen Rindern abstammt, die ursprünglich von Nordafrika nach Spanien kamen. Schon vor 400 Jahren wurden sie von den frühen Siedlern nach Brasilien gebracht. Die jetzige Form ist das Ergebnis einer natürlichen Selektion während Jahrhunderten. In geringem Ausmaß sollen in der Vergangenheit Zebus beteiligt gewesen sein. Der Name bedeutet „kreolische (= einheimische) Rinder von Lages". Der Bestand ist stark bedroht, weil die Rasse mit Importrindern gekreuzt wird. Es kamen einige Criollo-Stiere aus Argentinien zum Deckeinsatz, um die Inzuchtgefahr herabzusetzen.

Verbreitung: Südbrasilien.

Leistung: Gut an die Bedingungen des Verbreitungsgebiets angepasst. Spätreif, doch fruchtbar. Leichte Geburten; gute Muttereigenschaften der Kühe. Die Milchleistung der Kühe liegt im Mittel bei 5,1 kg pro Tag. Die Kühe werden täglich nur einmal gemolken, und zwar nachdem die Kälber 14 Stunden vorher entfernt wurden.

Nutzung: Hauptnutzung Fleisch, Milch.

Organisation: EMBRAPA

Stier 116 Kuh 108	Stier 300–400 Kuh 210–260	Brasilien	*

Curraleiro

Pé-duro Crioulo (im Nordosten Brasiliens), Goias (port.), Sertanejo (port.)

Kennzeichen: Klein. Rot, braun oder graubraun. Oft dunkle Gesichtsmaske. Unterbeine und Schwanzquaste schwarz. Die Unterseite des Rumpfes ist heller. Dunkle Klauen. Schwarzes Flotzmaul. Kleine Hörner.
Zuchtgeschichte: Die Vorfahren dieser Rasse kamen aus Portugal und Spanien. Sie sollen von der dortigen Rasse Mirandesa abstammen. Genetische Untersuchungen haben ergeben, dass in der Vergangenheit Zebus eingekreuzt sein müssen. Curreleiro wird extensiv und ohne gesundheitliche Betreuung gehalten. Die Lebensbedingungen sind hart, die Vegetation spärlich. Wegen ihrer geringen Größe wird Curreleiro von anderen Rinderrassen verdrängt. Die brasilianische Organisation für Landwirtschaftsforschung (EMBRAPA) fördert eine Züchter-Organisation, deren Verwaltung sich in der Stadt Mara Rosa im Staat Goiá befindet. Als Genreserve wird im Staat Piani ein Bestand von etwas mehr als 100 Kühen gehalten.
Verbreitung: Nordosten Brasiliens, insbesondere in den Staaten Goiás (in der Nähe der Hauptstadt Brasilia) und Tocantins (südlich der Amazonas-Mündung).
Leistung: Robuste und anspruchslose Landrasse. An halbwüstenartige Bedingungen angepasst. Die Kühe werden teilweise gemolken. Spätreif. Das Geburtsgewichtder Kälber 17 bis 19 kg.
Nutzung: Hauptnutzung Fleisch, Milch.
Organisation: EMBRAPA

Stier 143 *Kuh 135*	*Stier 700–900* *Kuh 500–600*	*England*	****

Deutsches Shorthorn

Kennzeichen: Mittelgroß. Gutes Beispiel für eine Rinderrasse im Rechtecktyp (paralleler Verlauf von Rücken- und Bauchlinie). Rot oder rotschimmelig, das heißt rot mit weißen Stichelhaaren. Weiße Flecken vor allem an der Rumpfunterseite. Gehörnt.
Zuchtgeschichte: In der zweiten Hälfte des 18. Jahrhunderts züchteten die Brüder Colling im Nordosten Englands nach den Richtlinien von Robert Bakewell aus gut bemuskelten Tieren die erste sehr erfolgreiche Rinderrasse: Shorthorn. Für die Rasse wurde ein Zuchtbuch, das älteste für Rinder überhaupt, schon 1822 aufgestellt. Shorthorn war allen anderen Rassen so sehr überlegen, dass sie in die meisten bodenständigen Rassen West-, Mittel- und Nordeuropas eingekreuzt wurde. Manche Regionen übernahmen reine Bestände dieser Rasse; so zum Beispiel die nordfriesischen Marschen. Später wurde Shorthorn weitgehend durch erfolgreichere Fleischrassen ersetzt. Eine kleine Schar von Züchtern hielt dennoch bis in die Gegenwart an der Rasse fest.
Verbreitung: Deutschland. Seit Mitte des 19. Jahrhunderts eigenständige Population.
Leistung: Hervorragend marmoriertes Fleisch mit guter Fettabdeckung. Gut für Kreuzungszuchten geeignet. Es gibt weltweit zahlreiche Rassen, die auf Shorthorn zurückgehen. Frühreif. Niedrige Schwergeburtenrate. Gute Mütter.
Nutzung: Hauptnutzung Fleisch.
Organisation: GEH

Stier 115 Kuh 110	Stier 400–450 Kuh 300–350	Irland	*

Dexter

Kennzeichen: Zwergwüchsig. Haarfarbe schwarz, gelegentlich rot oder gelb. Manchmal weiße Flecken an Euter bzw. Scrotum. Extrem kurzbeinig, Tiefrumpfig. Gehörnt.
Zuchtgeschichte: Dexter stammt von der Kerry-Rasse ab, einer kleinen Rasse, die im Südwesten von Irland beheimatet ist. Der älteste Bericht über derartige Tiere stammt von 1845. Ein Mr. Dexter soll derartige Tiere aus einer Kerry-Herde selektiert haben. In Irland besteht ein Herdbuch seit 1887. Im Jahre 1886 kamen die ersten Tiere nach England. Die Rasse wurde hier jedoch zunächst vorwiegend als Kuriosität in Parks gehalten. Eine „English Kerry and Dexter Society" wurde 1892 gegründet. Die Rasse fand Liebhaber in Europa und weltweit.
Verbreitung: Großbritannien, Nordamerika, verschiedene Länder auf dem europäisches Festland.
Leistung: Zweinutzungsrind. Die durchschnittliche Jahresmilchmenge beträgt nahezu 3000 kg. In Mitteleuropa werden Dexter vorwiegend als Mutterkühe gehalten. Zuchtprobleme bestehen durch die „Bulldogkälber". Hier handelt es sich um eine rezessive Anlage, die reinerbig letal wirkt. Betroffene Föten leiden unter einer vorzeitigen Verknöcherung der Epiphysenfugenknorpel. Von den lebend zur Welt gekommenen Kälbern ist ein Drittel genetisch unbelastet, zwei Drittel sind rezessiv Träger der Anlage zur Missbildung. Anspruchslos und langlebig.
Nutzung: Hauptnutzung Fleisch, untergeordnet Milch, Landschaftspflege.
Organisation: Rasseverband Deutscher Dexter-Züchter und -Halter e. V., ALBC

Stier 135–140 Kuh 130–135	Stier 800–900 Kuh 500–650	Steiermark, A	*****

Ennstaler Bergschecken

Steierische Bergschecken

Kennzeichen: Mittelgroß. Grundfarbe weiß; gelbliche bis dunkelrote Pigmentierung plattenartig an den Seiten von Mittel- und Hinterhand, kann aber auch bis an den Kopf reichen. In den Randgebieten löst sich die Pigmentierung meist in eine Sprenkelung auf. Kopf, Unterseite des Rumpfes und Schwanz stets weiß. Nach der Pigmentierung unterscheidet man „Helmete", „Kampete" sowie „Gnacklerte". Flotzmaul hellrosa.

Zuchtgeschichte: Seit Anfang des 19. Jahrhunderts bekannt. Früher in der Steiermark und außerhalb dieses österreichischen Bundeslandes weit verbreitet. Die erste Genossenschaft wurde 1902 gegründet. Dennoch rascher Rückgang der Bestände. 1935 gab es nur noch im Ennstal reine Bergschecken. Nach dem 2. Weltkrieg durch Fleckvieh weitgehend verdrängt. Über mehrere Jahrzehnte gab es nur noch einen Zuchtbetrieb mit reinrassigen Tieren. Allerdings gab es noch viele Kreuzungstiere, mit deren Hilfe seit Ende des vergangenen Jahrhunderts wieder rassetypische Tiere gezüchtet wurden. Seit 1996 gibt es wieder ein Zuchtbuch.

Verbreitung: Steiermark. Weitere Bestände im übrigen Österreich. Einzeltiere in Bayern.

Leistung: Genügsam und robust. Zweinutzungstyp, doch viele Tiere in Mutterkuhhaltung. Hervorragende Fleischqualität. Langlebig und leichtkalbig.

Nutzung: Hauptnutzung Milch, Fleisch.

Organisation: Arche Austria

Stier 134 Kuh 125	Stier 700 Kuh 460	Estland	*****

Estnische Landrasse

Eesti maakari (estn.), Mestnaya estonskaya (russ.), Estonian Native Cattle (engl.)

Kennzeichen: Mittelgroß. Vorwiegend gelb, aber auch gelbgrau, rot oder weiß. Meist ohne Abzeichen. Tiefer Rumpf, abgedachtes Becken, oft kuhhessig. Mäßig bemuskelt. Geräumiges Euter. Schmaler Kopf. Hornlos.

Zuchtgeschichte: Alte Landrasse, in die Anfang des 20. Jahrhunderts andere Rassen zur Leistungsverbesserung eingekreuzt wurden: vor allem das Westfinnische Rind und das Schwedische Rote Hornlose Rind. 1914 wurde ein Herdbuch geschaffen; 1920 folgte die Gründung einer Zuchtgemeinschaft. In den folgenden zwei Jahrzehnten wurde eine gut angepasste und leistungsfähige Rasse eröffnet. Nach dem Zweiten Weltkrieg ging die Zahl der Tiere stetig zurück. Um die Rasse vor dem Aussterben zu retten wurden seit 1950 Jersey, Brown Swiss und erneut Finnenrinder eingekreuzt. 1964 gab es noch 853 Kühe; sie hatten eine durchschnittliche Jahresmilchmenge von 2588 kg. 2000 waren es noch 443 Kühe vorhanden. Es bestehen Erhaltungsmaßnahmen.

Verbreitung: Estland.

Leistung: Robust und anspruchslos. Wenig krankheitsanfällig. Langlebig. Die durchschnittliche Jahresmilchmenge liegt bei 4000 kg mit 4,8 % Fett und 3,5 % Eiweiß. Wegen des hohen Beta-Lactoglobulin-Gehalts ist die Milch hervorragend zur Käseherstellung geeignet.

Nutzung: Hauptnutzung Milch, Fleisch.

Organisation: Estonian Native Cattle Breeding Society, Pärnu

Stier 125–135 Kuh 115–130	Stier 800–900 Kuh 500–600	Wallis, CH	****

Evolene

Vache Évolénarde (franz.)

Kennzeichen: Mittelrahmig. Stark bemuskelt. Rotweiß, selten schwarzweiß. Die pigmentierten Körperteile sind vorherrschend. Über dem Rücken sowie an Bauch und Brust verläuft ein weißer Streifen. Schwanz und Beine (teilweise) sind ebenfalls weiß. Rassetypisch ist auch der weiße Fleck („Stern") auf der Stirn. Kurzköpfig. Kräftige Hörner.

Zuchtgeschichte: 1859 wurde diese Rasse, die ihren Namen dem Dorf Evoléne im Val d'Herens verdankt, in einem Bericht des Walliser Staatsrates zum ersten Mal schriftlich erwähnt. Sie war damals noch Teil der Eringer. Als man sich 1885 entschloss, die Eringer ausschließlich auf Einfarbigkeit zu züchten, machten die Evoléner Züchter nicht mit. Man blieb ausschließlich bei den gescheckten Tieren. Gelegentlich soll ein Austausch von gescheckten Tieren aus dem Aostatal auf der anderen Seite der Berge stattfinden. Die Zahl der noch vorhandenen Tiere beträgt ungefähr 200 auf 25 Betrieben. Von einigen Stieren wurden Spermaproben tiefgefroren.

Verbreitung: Val d'Hérens im Wallis/Schweiz.

Leistung: Geländegängig und trittsicher. Hervorragende Alptüchtigkeit. Temperamentvoll und kampfbereit. Leichte Geburten. Hohe Schlachtausbeute. Die Jahresmilchmenge liegt bei 3500 kg mit 3,9 % Fett und 3,5 % Eiweiß. Gute Melkbarkeit. Robust und widerstandsfähig. Langlebig.

Nutzung: Hauptnutzung Fleisch, Sport, Milch.

Organisation: PRO SPECIE RARA

Stier 130 *Kuh 125*	*Stier 500–680* *Kuh 350–450*	*Nordschweden*	**

Fjällrind

Fjällras (schwed.), Schwedisches Bergrind

Kennzeichen: Mittelrahmig. Das Fell ist völlig oder weitgehend weiß. Schwarze, gelegentlich auch rote Pigmentierung um das Flotzmaul herum, an der Innenseite der Ohren; Sprenkelung an den Unterbeinen sowie an den Rumpfseiten möglich. Genetisch hornlos.

Zuchtgeschichte: Ursprünglich verteilt über die nördliche Hälfte Schwedens von Jämtland bis zum Polarkreis. Einerseits wird angenommen, dass die Rasse noch von den Rindern der Wikinger abstammt. Es hatten aber auch Einkreuzungen von Rindern aus Mitteleuropa und GB Bedeutung. Andererseits sollen die Vorfahren aus Finnland gekommen sein. Ende des 19. Jahrhunderts hießen die Tiere noch „Schwedische Finnrinder". Ein Herdbuch gibt es seit 1892; die Gründung einer Zuchtorganisation folgte 1920. Als Folge des intensiven Deckeinsatzes eines besonders geschätzten weißen Bullen stellten sich Inzuchterscheinungen ein; insbesondere „Zitzenbrüchigkeit", sodass die Kälber die übergroße Zitze mit dem Maul nicht erfassen können Schon vor einigen Jahrzehnten kamen Tiere in den Berliner Tierpark.

Verbreitung: Schweden, Deutschland, Niederlande.

Leistung: Milchbetontes Zweinutzungsrind. Die durchschnittliche Jahresmilchmenge beträgt 6000 kg mit 4,4 % Fett und 3,4 % Eiweiß. In Deutschland fast nur als Mutterkühe gehalten. Gutmütig im Umgang.

Nutzung: Hauptnutzung Milch, Fleisch, Landschaftspflege.

Organisation: A. Jonört, Flarkbakken 10, S – 91596 Flarken

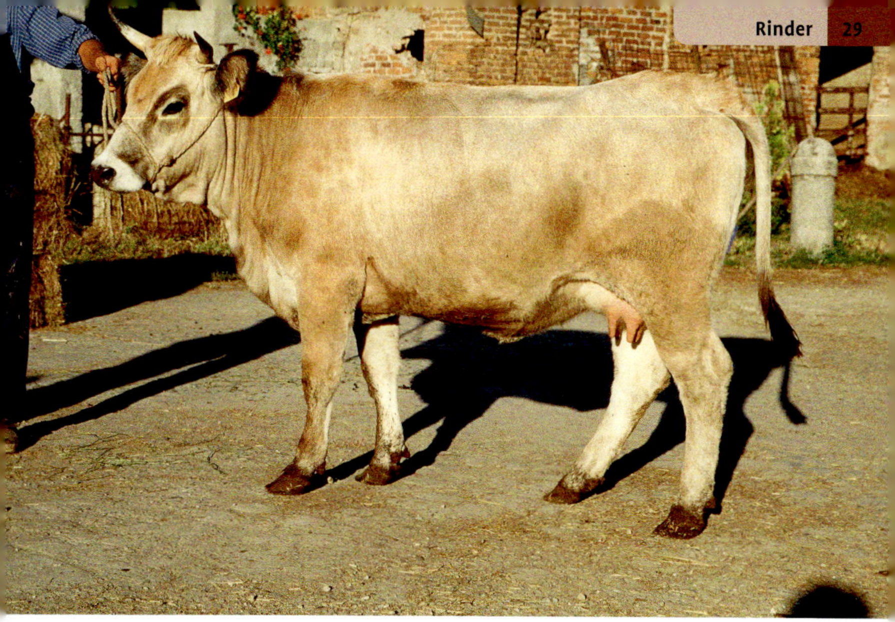

Stier 135 Kuh 125	Stier 550–650 Kuh 400–450	Toskana, I	*****

Garfagnina

Grigia appenninica, Nostrana, Modenese di Monte (ital.)

Kennzeichen: Mittelgroß. Haarkleid helles bis dunkles Blaugrau oder Gelb. Flotzmaul schwarz mit hellem Saum. Dunkle Klauen. Stiere insgesamt dunkler. Gehörnt.

Zuchtgeschichte: Ursprünglich Dreinutzungsrind, dass den anderen Grauviehrassen Italiens nahestand (Podolisches Rind). 1935 wurde ein Herdbuch eröffnet. Damals umfasste die Rasse noch 135 000 Köpfe. Es wurde jedoch nie ein Rassestandard erstellt, so dass das Aussehen von Betrieb zu Betrieb unterschiedlich war. Wurde allmählich durch Braunvieh verdrängt. Bis 1983 war der Bestand auf 38 reinrassige Tiere geschrumpft. Daraufhin stellte man die Rasse unter staatliche Obhut. Heute gibt es wieder gut fünfzig Bestände, die allerdings im Durchschnitt nicht mehr als drei Kühe umfassen. Garfagnina ist nur noch in der Provinz Lucca anzutreffen. Die Region Toskana bemüht sich, die Rasse zu erhalten. Von sechs Bullen wurden Spermaproben als Genreserve tiefgefroren. Ein Herdbuch besteht seit 1985.

Verbreitung: Provinz Lucca (nördlicher Appenin/ Italien.)

Leistung: Gut angepasst an die Gebirgssituation des Appenin. Gilt immer noch als Dreinutzungsrind. Respektable Milchleistung. Robust und anspruchslos.

Nutzung: Hauptnutzung Milch, Fleisch, untergeordnet Arbeit.

Organisation: AIA

Stier 145 Kuh 135	Stier 900–1100 Kuh 600–700	Südwest- frankreich	*

Gasconne

Mirandais (franz.), Gascon Areole (engl.)

Kennzeichen: Großrahmig. Die Kühe sind grau, gelegentlich weiß oder gelblich. Stiere sind deutlich dunkler, vor allem im vorderen Drittel des Körpers sowie an den Oberschenkeln. Kälber werden rötlich geboren. Mittellange, leierförmige Hörner.
Zuchtgeschichte: Die Rasse ist nach der Gascogne benannt; einem Landstrich nördlich der Pyrenäen (der Name leitet sich von den Basken = Vascones her). Der Ursprung liegt vermutlich im mittleren Teil der Pyrenäen. Später reichte das Verbreitungsgebiet von den Pyrenäen bis zum Garonne-Becken. Zunächst Dreinutzungsrind (Arbeit, Milch, Fleisch), das später in ein Fleischrind umgezüchtet wurde. Ein Herdbuch besteht seit 1865. Im 19. Jahrhundert kreuzte man Piemontese ein. Anfang des 20. Jahrhunderts wurden mehrere ähnlich aussehende Rassen in den Randgebieten des Verbreitungsgebietes einbezogen. Es gibt mehrere Typen, die sich in Größe und Färbung unterscheiden. Sie lassen sich unter den Bezeichnungen „Ariegeoise“ und „Montagne Noire“ zusammenfassen.
Verbreitung: Südwesten von Frankreich (Garonne-Becken bis zum mittleren Teil der französischen Pyrenäen), Spanien, USA, Italien, Großbritannien, Niederlande.
Leistung: Fleischrind mit guter Fleischqualität. Harte Klauen. Ausgezeichnete Fruchtbarkeit. Hitzeresistent. Langlebig. Anspruchslos.
Nutzung: Hauptnutzung Fleisch, untergeordnet Arbeit.
Organisation: IEDG

Stier 140–150
Kuh 135–140

Stier 1000–1100
Kuh 600–700

Rheinland-Pfalz, D

*****

Glanrind

Glan-Donnersberger

Kennzeichen: Mittelrahmig. Einfarbig gelb bis rötlich. Unterbeine hell. Fleischfarbenes Flotzmaul. Hörner und Klauen hellbraun. Kräftiger Knochenbau, starkes Fundament. Gehörnt.
Zuchtgeschichte: Ursprünglich zwei Schläge, die schon im 18. Jahrhundert genannt wurden: Glan-Vieh und Donnersberger Vieh (die Glan ist ein Fluss, der Donnersberg ein Höhenrücken). Zunächst noch Einkreuzung verschiedener Rassen: Simmenthaler, Niederungsrinder und später auch von Shorthorn. Da die beiden zunächst getrennt gezüchteten Rassen einander immer ähnlicher wurden, fasste man sie zusammen und gründete 1898 den „Zuchtverband für das Glan-Donnersberger Vieh". Seit Anfang des 20. Jahrhunderts Einkreuzung von Frankenvieh. Später wurden alle gelben Rinderrassen Deutschlands zum „Gelbvieh" zusammengefasst, wobei das Frankenvieh dominierte. Dennoch starker Rückgang der Bestände. 1985 wurde ein Förderverein gegründet; seitdem deutlicher Aufschwung. 2008 entsprachen 650 Kühe den Milchförderungskriterien des Landes Rheinland-Pfalz.
Verbreitung: Rheinland-Pfalz.
Leistung: Fleischbetontes Zweinutzungsrind. Gute Milchleistung aus Grundfutter. Jahresmilchmenge bei 4500 kg mit 4 % Fett. Heute jedoch vorwiegend als Fleischrinder gehalten. Leichte Geburten, langlebig. Hohe Ausschlachtung, gute Fleischqualität.
Nutzung: Hauptnutzung Fleisch, untergeordnet Milch.
Organisation: GEH

Stier 140 Kuh 125	Stier 750–850 Kuh 500–600	Gloucestershire, GB	***

Gloucester

Gloucestershire, Old Gloucester (engl.)

Kennzeichen: Mittelgroß bis groß. Rot- bis dunkelbraun. Kopf und Hals fast schwarz. Plattenscheckung. Umlaufender weißer Streifen vom Widerrist über Rücken, Hinterseite und Bauch bis zwischen die Vorderbeine. Der Schwanz ist weiß. Flotzmaul, Klauen und Hornspitzen dunkel.

Zuchtgeschichte: Die Rasse hat ihren Ursprung im „Glamorgen“-Rind, das schon vor Jahrhunderten in Gloucestershire gehalten wurde. Gloucester ist bereits im frühen 18. Jahrhundert nachweisbar, und war später außer in Gloucestershire in Südwales sowie den angrenzenden Gebieten von Somerset und Wiltshire verbreitet. Später durch Shorthorn, Schwarzbunte und andere Rassen beeinflusst. Galt früh als gute Milchrasse. Ein Herdbuch gibt es seit 1917. Schon nach dem Ersten Weltkrieg wurden die Bestände rückläufig. Auflösung der beiden ursprünglichen Gloucester-Bestände 1966 und 1972. Der Bestand der Rasse war 1975 auf rund sechzig weibliche Tiere und zwölf Bullen geschrumpft. Danach deutlicher Aufschwung.

Verbreitung: Im Wesentlichen im Westen von Mittel-England.

Leistung: Zweinutzungsrasse. Die durchschnittliche Jahresmilchmenge liegt bei 4000 kg. Geringe Größe der Fettkügelchen, die die Milch leicht verdaulich macht. Die Milch ist gut geeignet zur Herstellung von „Double-Gloucester“-Käse. Leichtkalbig. Leicht zu handhaben.

Nutzung: Hauptnutzung Landschaftspflege, Fleisch, untergeordnet Milch.

Organisation: RBST

Stier 145
Kuh 135–140

Stier 800–1000
Kuh 600

Groningen/NL

***

Groninger Blaarkoppen

Blaarkop (holl.), Groningen Whiteheaded (engl.)

Kennzeichen: Großrahmig. Schwarz- oder rotweiß gescheckt. Die Pigmentierung überwiegt. Vorwiegend weiß sind Kopf und Unterseite des Rumpfes, ebenso die Schwanzquaste und die Fesseln der Hinterbeine. Die Augen liegen im pigmentierten Bereich. Dunkles Flotzmaul. Gehörnt.

Zuchtgeschichte: Seit Anfang des 19. Jahrhunderts bekannt. 1907 wurde beim Niederländischen Rinder-Stammbuch eine Umorganisation durchgeführt. Viele Züchter der Blaarkoppen fühlten ihre Rasse nicht genügend berücksichtigt und gründeten ein eigenes „Groninger Blaarkop Rinder-Stammbuch". In dieses Herdbuch wurden sowohl schwarzbunte als auch rotbunte Individuen aufgenommen. Groninger entwickelten sich Anfang des 20. Jahrhunderts zu einer milchbetonten Zweinutzungsrasse. Ende der 70er Jahre wurden zur Blutauffrischung Angler- und Holsteinbullen eingesetzt. Es gibt nur noch wenige reinrassige Bestände.

Verbreitung: In den Niederlanden in den Provinzen Groningen, Südholland sowie Utrecht.

Leistung: Milchbetontes Zweinutzungsrind. Das Erstkalbealter beträgt 24 Monate. Die durchschnittliche Jahresmilchleistung liegt bei 6300 kg mit 4,3 % Fett und 3,8 % Eiweiß. Die täglichen Zunahmen der Jungbullen betragen 1150 g. Gute Fruchtbarkeit, leichte Kalbungen. Langlebig.

Nutzung: Hauptnutzung Milch, Fleisch.

Organisation: SZH

Stier 125–130 Kuh 118–122	Stier 750 Kuh 400–450	Schwarzwald, D	***

Hinterwälder

Kennzeichen: Kleinrahmig. Zierliche, grazile Rasse mit viel Adel. Meist gescheckt, aber auch gedeckt. Pigmentierung von ledergelb bis rot. Kopf stets weiß. Langer, tiefer Rumpf. Feine, trockene Gliedmaßen. Formschöne Hörner.
Zuchtgeschichte: Als Nachkommen des badischen Landviehs seit vielen Jahrhunderten im Schwarzwald beheimatet. Im 19. Jahrhundert wurde mehrfach versucht, die Hinterwälder durch Einkreuzung rahmiger zu machen; doch stets setzte sich der für diese Gegend günstigere kleine Typ wieder durch. 1889 wurde eine Stammzuchtgenossenschaft gegründet; gleichzeitig wurde ein Herdbuch eingerichtet. Ein eindeutiges Zuchtziel wurde durch die Körordnung von 1905 festgelegt. Im Verlaufe des 20. Jahrhunderts ging die Zahl der Tiere immer mehr zurück. Ende des Jahrhunderts behutsame Einkreuzung von Vorderwäldern. In den 80er Jahren importierte PRO SPECIE RARA eine beachtliche Zahl von Zuchttieren in die Schweiz. Eine gewisse Nachfrage besteht auch außerhalb Europas.
Verbreitung: Deutschland, vor allem im südlichen Schwarzwald, Schweiz, Österreich.
Leistung: Anspruchslos und widerstandsfähig. Temperamentvoll, aber gutmütig. Durchschnittliche Jahresmilchmenge bei 3400 kg mit 4,1 % Fett. Leichte Abkalbungen. Tägliche Zunahmen von Mastbullen um 900 g. Langlebig. Macht in Hanglagen keine Trittschäden.
Nutzung: Hauptnutzung Fleisch, Milch, untergeordnet Landschaftspflege.
Organisation: GEH, PRO SPECIE RARA

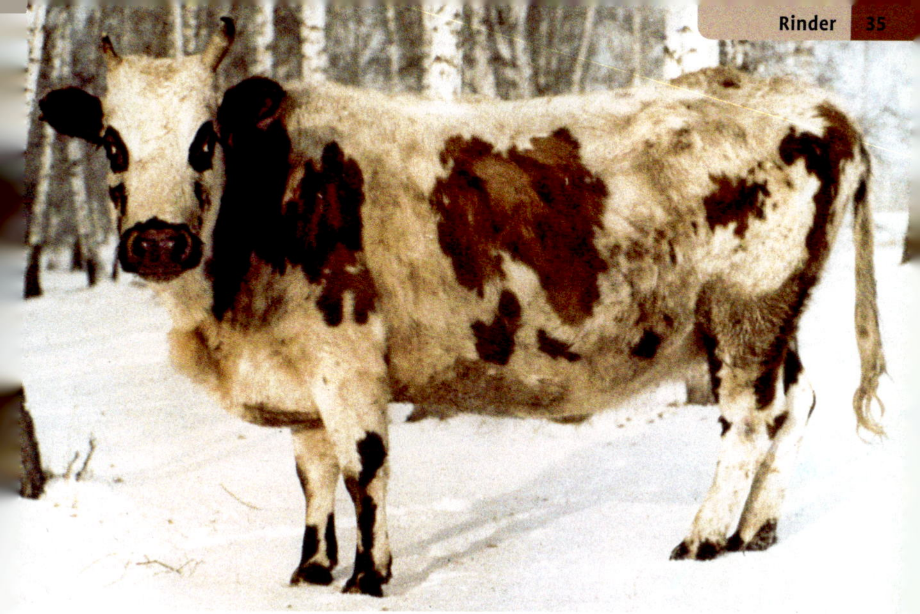

Stier 122 Kuh 107–115	Stier 500–550 Kuh 350–400	Sibirien, RUS	*****

Jakutisches Rind

Yakut (engl.), Yakutskii Skot (russ.)

Kennzeichen: Klein. Einfarbig schwarze und braune Tiere, sowie Scheckungen mit Weiß jeder denkbaren Form. Langes dichtes Haarkleid; das gilt auch für das Euter; sogar die Zitzen sind behaart. Tonniger Rumpf; kurze, stämmige Beine. Relativ großer Kopf. Die Hornform ist sehr unterschiedlich; es gibt auch genetisch hornlose Tiere.

Zuchtgeschichte: Bodenständiges Rind in Ostsibirien. Die Rasse gibt es nachweislich mindestens seit 1820. Früher gab es in dieser Region zahlreiche ähnliche Rinder. Sie sind, bis auf das Yakut ausgestorben oder durch andere Rassen ersetzt worden. Bis 1929 Reinzucht. Später wurden oft andere Rassen eingekreuzt. 1980 soll es nur noch eine einzige reinblütige Herde von 653 Kopf gegeben haben, und zwar auf der staatlichen Lenin-Farm im Distrikt Verkhoyansk. Es gibt ein Herdbuch, in das 1990 noch 531 weibliche und 21 männliche Tiere eingetragen waren. Die Zahl der Tiere geht zurück.

Verbreitung: Republik Yakutien/Sibirien.

Leistung: Milchleistung ungefähr 1000 kg pro Jahr mit 5,1 % Fett. Die Temperaturen im Verbreitungsgebiet gehen im Winter bis auf -60 °C zurück. Um Erfrierungen an Euter und Zitzen zu vermeiden, wird den Kühen im Winter eine Schutzkappe aus Hasenfell um das Euter gebunden. Für einige Infektionskrankheiten wenig anfällig.

Nutzung: Hauptnutzung Fleisch, untergeordnet Milch.

Organisation: –

Stier 140 Kuh 130	Stier 900–1000 Kuh 600–650	Schwarzwald, D	***

Jochberger Hummeln

Kennzeichen: Mittelrahmig. Pigmentierung kastanienbraun oder schwarz (Schwalb). Umlaufender weißer Streifen, beginnt am Widerrist und verläuft über Becken, Hinterseite der Nachhand und Bauch bis zum Wammenansatz. Schwanz und Euter bzw. Hodensack sind ebenfalls weiß. In der Regel weiße Streifen („Fatschen") über Oberarm und Unterschenkel. Dunkle Klauen, kräftig bemuskelt. Von Natur aus hornlos.
Zuchtgeschichte: Der erste hornlose Pinzgauer wurde 1834 bei Kitzbühel geboren. Bald gab es in der dortigen Gegend etliche Betriebe mit diesen „Hummeln", aber schon seit geraumer Zeit werden sie nur noch am Ursprungsort von der Familie Filzer in Jochberg, die das Gasthaus „Haller-Wirt" betreibt, gehalten. Der jetzige Besitzer, Franz Filzer, willigte um 1990 ein, dass zwei Stiere in einer Besamungsstation zum Einsatz kamen. Bedingung war, dass sie und ihre männlichen Nachkommen stets einen Doppelnamen tragen: den einen Namen wie alle Zuchtstiere; zusätzlich die Herkunftsbezeichnung „Haller". Familie E. und U. Sieber im oberbayerischen Siegsdorf gelang es zum ersten Mal, einen schwarzen Stier der Jochberger Hummeln zu züchten.
Verbreitung: In Österreich im Verbreitungsgebiet der Pinzgauer sowie in Oberbayern.
Leistung: Fleischbetontes Zweinutzungsrind. Wegen der Hornlosigkeit ohne Eingriffe für die Laufstallhaltung geeignet. Die durchschnittliche Jahresmilchmenge liegt bei 4500 kg mit 4,0 % Fett. Beste Fleischqualität.
Nutzung: Hauptnutzung Milch, Fleisch.
Organisation: GEH

Stier 140–145 Kuh 130–135	Stier 900–1000 Kuh 600–700	Kärnten, A, Slowenien, SLO	****

Kärntner Blondvieh

Kennzeichen: Mittelschwer, starkknochig und gut proportioniert. Meist silberweiß bis blond; gelegentlich falb oder ziegelrotbraun. Flotzmaul rosafarben; Hörner und Klauen wachsgelb.
Zuchtgeschichte: Vermutlich kam diese Rasse ursprünglich mit Siedlern aus dem südosteuropäischen Raum. Zunächst züchtete man Mariahofer, Lavanttaler und andere getrennt von einander. Durch das annähernd gleiche Aussehen war die unterschiedliche Benennung bald nicht mehr vertretbar, so dass seit 1890 der jetzige Name gilt. Gute Kühe erreichten schon nach dem Ersten Weltkrieg eine Durchschnittsleistung von nahezu 5000 kg. Zu dieser Zeit Einkreuzung von Gelbvieh aus Franken. Es wurde damals noch Wert auf gute Arbeits- und Mastfähigkeit gelegt. Danach verringerte sich die Zahl der Tiere deutlich. Ab den 90er Jahren des vergangenen Jahrhunderts leichter Aufschwung.
Verbreitung: Österreich.
Leistung: Robust und gute Fruchtbarkeit. Nur ein Teil der Kühe wird gemolken. Das Durchschnittsergebnis von Tieren, die an der Milchleistungskontrolle teilnahmen, lag 2007 bei 5800 kg mit 3,9 % Fett und 3,4 Eiweiß. Die täglichen Zunahmen von männlichen Tieren bis zum Alter von 200 Tagen lagen bei 1134 g. Heutzutage ist die Mutterkuhhaltung üblich. Beste Muttereigenschaften.
Nutzung: Hauptnutzung Fleisch, untergeordnet Milch.
Organisation: Arche Austria

Stier 115 Kuh 110	Stier 300–320 Kuh 220–240	Norden von Kamerun, CAM	* * * *

Kirdi

Kapsiki, Tia pseke

Kennzeichen: Kleinrahmig. Die Färbung ist einfarbig schwarz, weiß oder rot; auch gescheckte und gesprenkelte Tiere kommen vor. Bemerkenswert sind einzelne dreifarbige Individuen, die schwarz-weiß-rot gefärbt sind. Langköpfig. Gehörnt. Einige Tiere mit Ansatz eines Buckels.
Zuchtgeschichte: Die Ethnie der Fulbe versuchten auf ihren Wanderungen mit Rindern durch die Sahelzone andere Völker zum Islam zu bekehren. Diese wichen als Anhänger von Naturreligionen darauf hin in unwirtliche Gegenden aus, z. B. in das Mandaragebirge im Norden Kameruns. Zu ihnen gehörten auch die Kapsiki, die von den Fulbe „Kirdi" (= Heiden bzw. Ungläubige) genannt wurden. Die Kirdi besitzen mit der gleichnamigen Rasse buckellose (taurine) Rinder. Die Ansätze eines Buckels bei manchen Tieren zeigen jedoch, dass in manche Herden Zebus eingekreuzt wurden.
Verbreitung: Mandara-Gebirge, das teilweise zu Kamerun, teilweise zu Nigeria gehört.
Leistung: Fleisch. Gelegentlich geringe Milchmengen für den Eigenbedarf der Halter. Geschlachtet werden Tiere dieser Rasse fast ausschließlich aus rituellen Gründen oder in Zusammenhang mit dem Tod eines Menschen. Eine Besonderheit ist, das Verstorbene vor der Beisetzung in die Haut eines frisch geschlachteten Rindes eingehüllt werden.
Nutzung: Hauptnutzung Fleisch, Haut/Fell.
Organisation: –

Stier 110 Kuh 100	Stier 250–300 Kuh 150–200	Atlantikküste Westafrikas	****

Lagune

Dahomey oder Mayumbe (Zaire, franz.)

Kennzeichen: Zwergrind. Im allgemein schwarz, schwarz mit weißen Flecken oder schwarz-weiß gescheckt, gelegentlich rot oder grau. Klauen und Flotzmaul dunkel. Tonniger Rumpf, kurzbeinig. Kurze, schlanke Hörner.
Zuchtgeschichte: Diese Rasse wird im Küstenstreifen einiger Länder gehalten, die an den Golf von Guinea grenzen: Elfenbeinküste, Ghana, Togo und Benin. Sie stammte vermutlich vom Savannen-Shorthorn ab und wird im Sumpfgebiet der Lagunen dieser Länder gehalten. 1904 wurden 50 Tiere in die damals belgische Kolonie Kongo (jetzt Zaire) in eine Missionsstation gebracht. Von dort breiteten sie sich in der Äquatorial-Region des Landes aus und kamen auch in den Zoo der belgischen Stadt Antwerpen. Von dort kamen sie in andere europäische Zoos und gelegentlich hier auch in Hobbyhaltungen. Im Kongo gab man der Rasse nach ihrer Herkunft den Namen „Dahomey“; das war bis 1975 die Bezeichnung für das heutige Benin. Dahomey ist die in Europa übliche Rassenbezeichnung. Die Rasse gehört zu den taurinen Rindern.
Verbreitung: Küstenstreifen am Golf von Guinea. Vereinzelt in europäischen Ländern.
Leistung: Wird wegen des Fleisches gehalten. Gut angepasst an heiße Überschwemmungsgebiete mit hoher Luftfeuchtigkeit. Die Rasse ist trypanosomatolerant.
Nutzung: Hauptnutzung Fleisch.
Organisation: –

Stier 135–140 *Kuh 130–135*	*Stier 700* *Kuh 500*	*Niederlande*	***

Lakenvelder

Holländisches Gurtenvieh, Lakenfelder runderen (holl.), Dutch Belted (engl.)

Kennzeichen: Im mittleren Rahmen. Schwarz, gelegentlich auch rot. In der Rumpfmitte verläuft ein breiter umlaufender weißer Gurt. Die Klauen sind dunkel. Tiefrumpfig; gut bemuskelt. Gehörnt.

Zuchtgeschichte: Die früheste Abbildung eines rassetypischen Tieres stammt aus dem 17. Jahrhundert. Die Rasse war in den Niederlanden immer selten. Das galt insbesondere für die 50er und 60er Jahre des vergangenen Jahrhunderts, weil das Halten von Bullen, die nicht einer der drei Hauptrassen der Niederlande angehörten, verboten war. Vorübergehend wurde Belted Galloway eingekreuzt; dieser Versuch wurde jedoch bald wieder aufgegeben. 1979 wurde für Lakenvelder ein Herdbuch erstellt. Schon im 19. Jahrhundert wurden Tiere in die USA exportiert. Von den Nachkommen dieser Tiere wurden Ende des vergangenen Jahrhunderts Spermaproben importiert. Anfang des 20. Jahrhunderts waren ungefähr 900 Tiere im Herdbuch. Die Zahl der Individuen steigt leicht an. In den USA wurde schon 1886 „The Dutch Belted Cattle Society" gegründet.

Verbreitung: Niederlande, USA, Kanada, Mexiko, Kuba und Neuseeland.

Leistung: Milchbetonte Zweinutzungsrasse. Die durchschnittliche Jahresmilchmenge beträgt 5500 kg mit niedrigem Fett- und hohem Eiweißgehalt.

Nutzung: Hauptnutzung Milch, Fleisch.

Organisation: SZH, ALBC

Stier 140 Kuh 130	Stier 800–900 Kuh 500–600	Lettland	*

Lettisches Rotvieh

Latvijas Brunā (lett.), Buraya latviĭskaya (russ.), Latvian Brown (engl.)

Kennzeichen: Mittelgroß. Intensiv dunkelrote Färbung. Teile des Kopfes nahezu schwarz (Maske), häufig Hals und Unterbeine ebenso. Schmaler, recht langer Kopf. Feiner Knochenbau; tiefer Rumpf. Graues Flotzmaul. Gehörnt.
Zuchtgeschichte: Die Rasse ist seit dem 18. Jahrhundert bekannt. Sie ist seit 1885 anerkannt. 1911 wurde für Hochleistungstiere ein Herdbuch geschaffen. 1926 zählte man noch 955 000 Rinder dieser Rasse, wobei allerdings importiertes Rotvieh (Rote Dänen, Angler) einbezogen wurden. Während des Zweiten Weltkriegs lag die Zucht brach, doch danach wurde das Herdbuch wieder eröffnet. Damals bekam die Rasse ihren jetzigen Namen: Braunes Lettisches Rind. Diese Bezeichnung ist irreführend. Eigentlich ist es ein Rotvieh. Zwar ist die Rasse noch nicht direkt gefährdet, doch wird sie zunehmend von Schwarzbunten verdrängt. Lettisches Rotvieh wurde in das Polnische und das Ukrainische Rotvieh eingekreuzt.
Verbreitung: Lettland.
Leistung: Die durchschnittliche Jahresmilchleistung liegt bei 4500 kg mit 4,3 % Fett und 3,3 % Eiweiß.
Nutzung: Hauptnutzung Milch, Fleisch.
Organisation: Latvian Society of Livestock Breeders

Stier 143–149 Kuh 134–138	Stier 1000–1100 Kuh 600–650	Württemberg, D	***

Limpurger

Leintäler

Kennzeichen: Mittelrahmig mit feinem Knochenbau und guter Bemuskelung. Einfarbig gelb mit Abtönungen von hellgelb bis rotgelb. Bauch und Unterbeine heller als der übrige Körper. Flotzmaul fleischfarben; Hörner und Klauen gelb.
Zuchtgeschichte: Als Stammform gilt der Schwäbisch-Hällische Schlag, in den Simmenthaler, Braunvieh und andere Rassen eingekreuzt wurden. Die Gründung von Limpurger Viehzuchtgenossenschaften geschah kurz vor der Jahrhundertwende. Gute Erfolge durch Einkreuzung von Frankenvieh seit 1903. 1948 wurde der Zuchtverband Mitglied des „Arbeitsausschuss für einfarbig gelbes Höhenvieh". 1963 zählte dieser Verband nur noch sechs Mitglieder mit insgesamt 17 Herdbuchkühen. Ab Ende der 60er Jahre gab es nur noch Restbestände. 1987 Gründung der „Züchtervereinigung Limpurger Rind". Durch eine engagierte Zuchtleistung stieg der Bestand wieder deutlich an.
Verbreitung: Deutschland.
Leistung: Fleischbetonte Zweinutzungsrasse. Die durchschnittliche Jahresleistung geprüfter Kühe in Herdbuchbetrieben liegt bei 4600 kg Milch. Die mittleren Tageszunahmen von Bullen betragen nahezu 1400 g. Exzellente Fleischqualität; feinfasrig, gut marmoriert. Hervorragende Fruchtbarkeit. Gut für die Mutterkuhhaltung geeignet; sehr gute Muttereigenschaften.
Nutzung: Hauptnutzung Milch, Fleisch.
Organisation: GEH

Stier 135 Kuh 128	Stier 700–900 Kuh 400–530	Litauen	*****

Litauisches Weißrückenrind

Lietuvos balnugariaí (lit.), Lithuanian White Backed (engl.)

Kennzeichen: Mittelgroß. Mäßig bemuskelt. Die Fellfärbung ist schwarz-weiß. Es werden zwei Varianten unterschieden: a) schwarz sind vor allem die Rumpfseiten; meist als geschlossene Platten (Plattenscheckung) oder auch b) gescheckt mit aufgelösten Randbereichen. Über Rücken, Schwanz und Unterbauch zieht sich stets ein weißer Streifen. Unterbeine und Kopf sind ebenfalls weiß oder schwarz-weiß. Gelegentlich kommen rot-weiße Tiere vor. Gehörnt. Die kurzen Hörner sind in einem engen Bogen nach vorn gerichtet.

Zuchtgeschichte: Einheimische Landrasse, die seit langer Zeit bekannt ist. Anfang des 20. Jahrhunderts waren Tiere dieser Färbung in Litauen recht häufig. Durch Kreuzung mit anderen Rassen, vor allem Schwarzbunten, sind sie selten geworden. 1995 wurde eine Initiative zur Erhaltung dieser Rasse gestartet. Durch Aufkauf von Einzeltieren bei privaten Rinderhaltern wurden zwei Bestände mit typischen Tieren geschaffen. Insgesamt gibt es weniger als 200 Kühe.

Verbreitung: Südlitauen, Nordostpolen.

Leistung: Anspruchslos und gut angepasst an die örtlichen Haltungsbedingungen. Die durchschnittliche Jahresmilchleistung liegt bei 4600 kg mit 4,0 % Fett und 3,4 % Eiweiß.

Nutzung: Hauptnutzung Milch, Fleisch.

Organisation: Lithuanian Veterinary Academy

Stier 145
Kuh 135

Stier 900–1100
Kuh 600–650

Südwest-
frankreich

*****

Lourdaise

Lourdais (engl.)

Kennzeichen: Großrahmig. Weiß bis cremefarben. Helles Flotzmaul. Hell sind auch die Klauen. Leierförmige, nach außen gedrehte Hörner.
Zuchtgeschichte: Im 19. Jahrhundert, als noch keine Spezialisierung im Zuchtziel stattgefunden hatte, galt die Rasse Lourdaise in Frankreich als das vielseitigste Rind: Es war ein gutes Arbeitsrind und entsprechend stark bemuskelt, gab in der Zeit nach der Geburt täglich 20 l Milch und außerdem legte man Wert auf den Dung. Seit 1894 gibt es ein Herdbuch. Durch die Spezialisierung auf ein Zuchtziel liefen andere Rassen diesem Dreinutzungsrind den Rang ab. In den 80er Jahren des vergangenen Jahrhunderts gab es nur noch dreißig Kühe und einen einzigen Stier. Inzwischen hat der Bestand sich leicht erholt. Es gibt wieder ungefähr 100 Kühe. Auf einem bestimmten Betrieb stehen ausgewählte gute Milchkühe als Genreserve. Es wird Wert darauf gelegt, dass diesen die ursprünglichen guten Eigenschaften der Rasse nicht verloren gehen. Dazu gehört zum Beispiel, dass die Kuh, obwohl sie gemolken wird, ihr eigenes Kalb aufzieht.
Verbreitung: In der weiteren Umgebung der französischen Stadt Lourdes, d. h. im mittleren Teil der französischen Pyrenäen.
Leistung: Dreinutzungsrind (Milch, Fleisch, Arbeit) mit besonderer Betonung der Milchleistung.
Nutzung: Hauptnutzung Milch, Fleisch, untergeordnet Arbeit.
Organisation: IEDG

Stier 150–155 Kuh 140–145	Stier 700–1000 Kuh 500–700	Maremma, I	*

Maremmana

Kennzeichen: Großrahmig und schlank. Graues Haarkleid; manche Tiere sind nahezu weiß, bei anderen ist insbesondere die Vorhand dunkelgrau. Flotzmaul und Klauen sind dunkel. Die Kälber werden rot geboren. Langbeinig. Lange leierförmige Hörner.
Zuchtgeschichte: Bereits zu Beginn unserer Zeitrechnung soll es in Latium langhörnige Rinder gegeben haben. Um 1900, insbesondere aber nach dem Ersten Weltkrieg wollte man die Rasse durch Einkreuzung von Chianina, Romagnola und Marchigiana fleischwüchsiger machen. In den 30er Jahren des vergangenen Jahrhunderts wurde ein Rassestandard festgelegt, und man erstellte ein Herdbuch. Durch eine Bodenreform und die Motorisierung sanken die Bestände nach dem zweiten Weltkrieg deutlich. Seit 1960 erneut Einkreuzung von Chianina sowie von Charolais.
Verbreitung: Westliche Hälfte von Mittelitalien (Maremma und angrenzende Gebiete).
Leistung: Wird vorwiegend extensiv gehalten. Das Erstkalbealter liegt bei nahezu vier Jahren; bei guter Ernährung ein Jahr früher. Unterliegt noch weitgehend einem Jahreszyklus in der Fortpflanzung: Decksaison April bis Juli. Gute Fruchtbarkeit, leichte Kalbungen, geringe Kälberverluste. Nutzung als Fleischrinder. Temperamentvoll und leichtfüßig. Anspruchslos; gut angepasst an Marginalstandorte. Langlebig.
Nutzung: Hauptnutzung Fleisch.
Organisation: AIA

Stier 140–145 Kuh 130–140	Stier 1100–1400 Kuh 650–700	Nordosten Englands, GB	*

Milch-Shorthorn

Dairy Shorthorn (engl.), Milking Shorthorn (engl.)

Kennzeichen: Mittel- bis großrahmig. Tiefrumpfig. Das Haarkleid ist rot, rot-weiß gescheckt oder rotschimmelig. Gehörnt.
Zuchtgeschichte: Das Ursprungsgebiet dieser Rasse ist das fruchtbare Tal des Flusses Tees. Dieses Gebiet war schon im 16. Jahrhundert für große Zugrinder mit starker Bemuskelung bekannt. Nach einigen Generationen gezielter Zucht entstand der berühmte Stier „Durham Ox“ (geb. 1796). Er soll 1456 kg gewogen haben. 1822 wurde ein (privates) Herdbuch eingerichtet. Die Milchleistung dieses Zuchtstammes war nicht schlecht, aber er war doch vorwiegend ein Fleischrind. Thomas Bates (1775–1849) versuchte in seinem Bestand, die ursprünglich sehr gute Milchleistung der Shorthorns wieder herzustellen. Milch-Shorthorn erlangte für kurze Zeit eine überragende Stellung, wurde aber doch bald von Holstein-Friesian abgelöst. Die an einer doppelten Nutzung interessierten Züchter schlossen sich 1905 zur „Dairy Shorthorn Association“ zusammen, die 1936 mit der „Shorthorn Society“ vereinigt wurde.
Verbreitung: Großbritannien, USA, Australien.
Leistung: Zweinutzungsrind. Die durchschnittliche Jahresmilchleistung liegt bei 5500 kg mit 3,9 % Fett und 3,8 % Eiweiß. Gute Melkbarkeit. Das Erstkalbealter liegt bei 27 Monaten.
Nutzung: Hauptnutzung Milch, Fleisch.
Organisation: RBST, ALBC

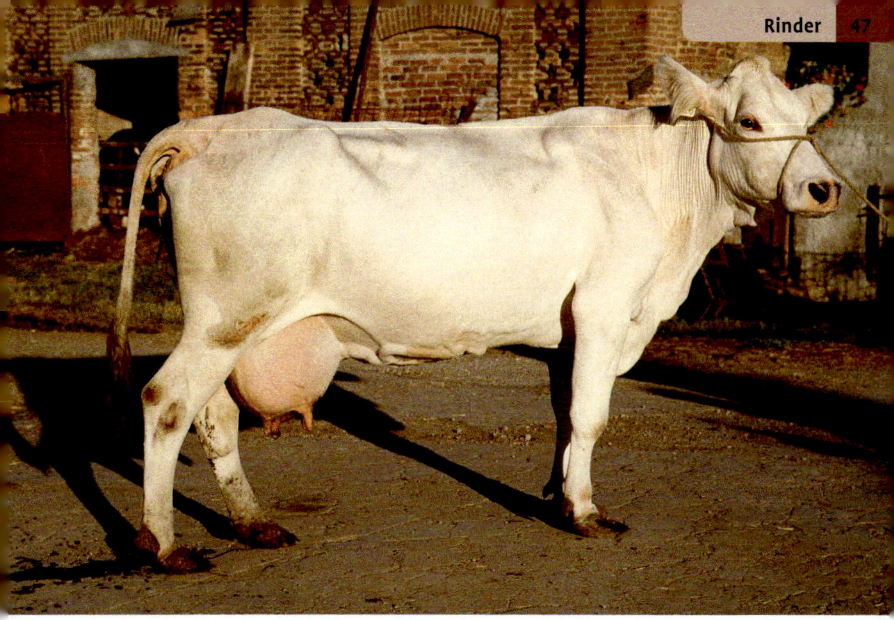

Stier 155 Kuh 145	Stier 1000–1100 Kuh 600–700	Po-Ebene und Apennin, I	***

Modenese

Bianca Val Padana (ital.), Carpigiana (ital.)

Kennzeichen: Großrahmig. Kühe einfarbig weiß, Stiere grau getönt. Haut nicht pigmentiert. Schwarzes Flotzmaul. Klauen und Spitzen der Hörner sind ebenfalls schwarz.
Zuchtgeschichte: Im 19. Jahrhundert durch Einkreuzung von Reggiana × Romagnola in der Provinz Modena als Zweinutzungsrasse entstanden. Man unterschied zunächst zwei Schläge: den etwas kleineren Höhenschlag von den Carpa-Hügeln, und den Flachlandtyp von der Po-Ebene. Die beiden Schläge glichen einander im Verlauf der Zeit an, dennoch werden die Tiere immer noch nach ihrer Herkunft unterschieden. 1940 umfasste die Rasse 250 000 Köpfe. Sie wurde aber durch Holstein-Friesian und Brown Swiss stark bedrängt, so dass 1987 nur noch knapp 800 Kühe übrig geblieben waren. Erst 1989 wurde ein Herdbuch gegründet. 1992 gab es nur noch 350 Kühe. Sie werden im Appenin südlich von Modena gehalten. Modenese zählt zum Rassenkreis der großen weißen italienischen Rinder. Von etlichen Stieren wurden Spermaproben tiefgefroren.
Verbreitung: Provinz Emilia (südlich von Modena/Italien).
Leistung: Zweinutzungsrind. Die durchschnittliche Jahresmilchmenge liegt bei 4500 kg mit 3,7 % Fett und 3,5 % Eiweiß. Die Milch wird größtenteils zu Parmesan verarbeitet. Gute Melkbarkeit. Recht gut bemuskelt. Leichte Abkalbungen.
Nutzung: Hauptnutzung Milch, Fleisch.
Organisation: AIA

Stier 120 Kuh 115	Stier 450 Kuh 350	Nordspanien	****

Monchina

Raza Monchina (span.)

Kennzeichen: Klein. Kühe hellrot bis dunkelbraun; gelegentlich gestromt. Kopf und Hals bei dunklen Tieren nahezu schwarz. Umgebung des Flotzmauls und Augenringe hell. Schwanzquaste dunkel. Hörner seitlich weit ausladend. Stier kastanienbraun bis schwarz.

Zuchtgeschichte: Bodenständige Rasse im Baskenland und in Kantabrien (Nordspanien). Sie entstand möglicherweise ursprünglich aus einer Kreuzung von Rindern aus Kantabrien mit Tudanca, Pirenaica und anderen Rassen des braunen Typs in Nordspanien. Die Rasse umfasst weniger als 2000 Kühe und 50 Stiere in knapp 100 Zuchtbetrieben. Viele Tiere leben halbwild. In Portugal gibt es eine Stadt Monchina, sowie eine gleichlautende Region. Die dortigen Rinder haben keinerlei Bezug zur hier dargestellten Rasse.

Verbreitung: In den Bergen des westlichen Baskenlandes sowie im Osten von Kantabrien.

Leistung: Landrasse, die ganzjährig im Freien gehalten wird. Robust und anspruchslos. Lebhaftes Temperament. Die Stiere werden gelegentlich zu Laufwettbewerben und Kampfspielen herangezogen.

Nutzung: Hauptnutzung Fleisch, untergeordnet Sport.

Organisation: SERGA

Stier 141 Kuh 135	Stier 950 Kuh 600	Steiermark, A	****

Murbodner

Mürzthaler

Kennzeichen: Mittelrahmig. Semmelgelb bis fuchsrot; manchmal Talerflecken. Stiere meist dunkler. Flotzmaul schiefergrau; häufig mit heller Schnippe („Herzl"). Hornspitzen, Klauen und Schwanzquaste sind dunkel.
Zuchtgeschichte: Ging in der ersten Hälfte des 19. Jahrhunderts aus der Kreuzung von Lokalrassen hervor. 1869 wurde das Murbodner Rind als vierte steirische Rinderrasse anerkannt. Im 19. Jahrhundert wurde sie besonders wegen ihrer Zug- und Mastfähigkeit gelobt. Noch 1931 gab es in der Steiermark beim Verband Graz 14 Murbodner Viehzuchtgenossenschaften mit über 4000 Mitgliedern. Die Kuh mit der höchsten Leistung gab damals im Jahr 7300 kg Milch. Nach dem Zweiten Weltkrieg Einkreuzung von Franken- und Glanrindern. Eine Zählung 1956 ergab nur noch 6303 Murbodner. Ende der 60er Jahre waren lediglich Restbestände vorhanden. Erhaltungsmaßnahmen setzten zu Beginn der 80er Jahre ein.
Verbreitung: Österreich.
Leistung: Fleischbetontes Zweinutzungsrind. Das Ergebnis der Milchleistungskontrolle ergab 2007 als Durchschnittswert von 168 Kühen 4167 kg mit 4,0 % Fett und 3,3 % Eiweiß. Im Allgemeinen als Mutterkühe genutzt; hierfür vorzügliche Eignung. Die Tageszunahmen von Mastbullen liegen bei 1200 g. Zartes Fleisch mit feiner Maserung und ansprechender Marmorierung.
Nutzung: Hauptnutzung Fleisch, untergeordnet Milch.
Organisation: Arche Austria

Stier 140–145 Kuh 130–135	Stier 850–950 Kuh 500–600	Bayern, D	*****

Murnau-Werdenfelser

Kennzeichen: Mittelgroß. Einfarbig gelb bis rotbraun ohne Weiß. Dunklere Tiere, die auch graubraun sein können, besitzen schwarze „Masken" und eine dunkle Schwanzquaste. Dunkles Flotzmaul mit hellem Saum. Unterbeine hell. Klauen und Hornspitzen schwarz.
Zuchtgeschichte: Vermutlich durch Kreuzung von bodenständigen Tieren mit Oberinnthaler Vieh entstanden. Später Einkreuzungen von Franken- und Braunvieh. In der zweiten Hälfte des 19. Jahrhunderts wegen der guten Zugochsen berühmt. Der Höhepunkt der Zucht lag um 1900. Zeitweilig im Süden von München die am meisten verbreitete Rasse. Ein Herdbuch gibt es seit 1927. 1936 gab es noch mehr als 30 000 Murnau-Werdenfelser. Durch Fleckvieh im Osten und Braunvieh im Westen vorübergehend fast verdrängt. 1952 wurde ein eigenständiger „Zuchtverband für das Murnau-Werdenfelser Vieh" gegründet. Seit den 80er Jahren leichte Erholung der Bestände. 2007 gab es wieder 130 Herdbuchbetriebe. 5000 Spermaproben wurden als Genreserve tiefgefroren. Die Rasse wird von der Bayerischen Regierung finanziell gefördert.
Verbreitung: Oberbayern.
Leistung: Anspruchslos, robust und anpassungsfähig. Temperamentvoll. Durchschnittliche Jahresmilchmenge von 4200 kg und 3,8 % Fett bei guter Grundfutterverwertung. Recht spätreif, doch gute Fruchtbarkeit. Gute Käsereitauglichkeit der Milch.
Nutzung: Hauptnutzung Fleisch, Milch.
Organisation: GEH

↕ Stier 105, Kuh 100	Stier 250, Kuh 200	Nigeria, Kamerun	⚠ *****

Namji

Doayo, Namchi (Fulani)

Kennzeichen: Zwergrinder. Es kommen alle erdenklichen Färbungen vor: einfarbig schwarz, weiß oder rot. Gescheckte, gesprenkelte sowie solche mit pigmentierten Seitenplatten. Kurze Hörner. Relativ großer Kopf.
Zuchtgeschichte: Noch um 1900 gab es in Westafrika sowie in Kamerun und dem Tschad weitgehend flächendeckend kurzhörnige Zwergrinder. Sie wurden in großen Gebieten von Zebus verdrängt, die größer waren, sich besser als Arbeitstiere eigneten und bei der Schlachtung mehr Fleisch lieferten. So gibt es heute nur noch inselartige Vorkommen der ursprünglichen Rassen. Die Haussa nennen sie „Muturu", was buckellos bedeutet. Dies ist jedoch ein Sammelbegriff. Die einzelnen, weit getrennt von einander gehaltenen Populationen müssen als eigenständige Rassen gelten. Eine derartige Restpopulation lebt im Norden Kameruns, am Fuße der Alantika-Berge in der Nähe der Stadt Poli. Im Allgemeinen halten die Besitzer nur eine bis drei Kühe sowie einen Bullen und einige Jungtiere. Im Höchstfall gibt es hier noch einige hundert Tiere dieser Rasse.
Verbreitung: Nordkamerun.
Leistung: Extrem anspruchslos und widerstandsfähig. Wegen des Fleisches und für rituelle Zwecke gehalten. Spätreif. Tolerant gegenüber der von der Tse-Tse-Fliege übertragenen Schlafkrankheit.
Nutzung: Hauptnutzung Fleisch, untergeordnet Arbeit.
Organisation: –

Stier 125 Kuh 115–120	Stier 700–750 Kuh 450–500	Ost-Südafrika, Swasiland	*

Nguni

Swazi, Zulu, Angoni

Kennzeichen: Kleinwüchsig, Zebus im Sanga-Typ. Es kommen alle bei Rindern denkbare Färbungen vor: Schwarz, rot gelb, braun und weiß, auch gescheckte Tiere, vor allem Plattenschecken sowie gesprenkelte und gestromte. Die Rinderhalter unterscheiden 80 Farbvarianten. Stark ausgeprägter Buckel, weit herab hängende Wamme. Kurze, leierförmige Hörner.
Zuchtgeschichte: Die Vorfahren des heutigen Nguni-Rindes wurden vor mehr als 1300 Jahren von Ethnien aus Nord- und Ostafrika mitgebracht. Das Bantuvolk der Nguni schuf daraus im Grenzgebiet von Südafrika, Swasiland und Mozambique die jetzige Rasse. Da sie als Lokalrasse sehr gut an die klimatischen Bedingungen und die Ernährungsgrundlage angepasst war und resistenz bzw. tolerant gegenüber verschiedenen Krankheiten ist, wurde auf ihrer Grundlage weiter gezüchtet. 1986 wurde eine Zuchtorganisation geschaffen. Im Verlaufe der Zeit kreuzte man verschiedene andere Rassen ein; zuletzt Pustertaler Sprinzen. Bestandszahlen liegen nicht vor. Die FAO hat die Rasse als gefährdet eingestuft.
Verbreitung: Südliches Afrika.
Leistung: Zweinutzungsrind. Angepasst an extreme Lebensbedingungen. Hitzetolerant. Gute Fruchtbarkeit, leichte Abkalbungen. Die Jahresmilchmenge liegt bei 1000 kg. Temperamentvoll. Krankheitsresistent. Gut bemuskelt.
Nutzung: Hauptnutzung Fleisch, untergeordnet Milch, Haut/Fell.
Organisation: –

Stier 140 Kuh 130–135	Stier 750–800 Kuh 450–500	Südostnorwegen	****

Østlands Rødkolle

Raukolle Østlandsfe (norw.), Ostlandsk Rodkolle, Red Polled Eastland (engl.), Eastern Red Polled Cattle (engl.), Norwegian Red Polled (engl.)

Kennzeichen: Großrahmig. Einfarbig dunkelrot. Gelegentlich weiße Abzeichen am Kopf und Unterseite des Rumpfes. Tiefrumpfig, feingliedrig. Genetisch hornlos.

Zuchtgeschichte: Im Osten Norwegens aus bodenständigen Tieren entstanden. Hier gab es schon zumindest seit dem 17. Jahrhundert einfarbig rote Rinder. Sie sind eng verwandt mit dem Roten Hornlosen Schwedischen Rind. Im 19. Jahrhundert wurden Ayrshire, Schwarzbunte sowie Angler Rinder eingekreuzt. 1892 erfolgte die Anerkennung als Rasse. 1961 zu den Norwegischen Roten zusammengefasst. 1973 hatten nur 17 Kühe in sechs Beständen überlebt. Wenig später hatte der Bestand sich leicht erholt: Es gab wieder sechzig weibliche Tiere. Ein Herdbuch ist vorhanden. In den 80er Jahren des vergangenen Jahrhunderts wurde Østlands Rødkolle in das Schwedische Rote Hornlose Rind eingekreuzt. Von 14 Bullen wurden über 16 000 Spermaproben eingefroren.

Verbreitung: Südosten von Norwegen.

Leistung: Über die Milchleistung liegen keine genauen Angaben vor. Gegenwärtig werden die weiblichen Tiere gewöhnlich als Mutterkühe genutzt.

Nutzung: Hauptnutzung Milch, Fleisch.

Organisation: Norsk Landbrukesmuseum N – ÅS Genressursutvalget

Stier 125 Kuh 115	Stier 350–450 Kuh 280–340	Brasilien	*****

Pantaneiro

Tucura (port.), Cuiabano (port.), Sumpf-Crioulo.

Kennzeichen: Klein. Hell- bis schwarzbraun, zum Teil auch gestromt. Langbeinig. Dunkles Flotzmaul. Enggestellte, mittellange Hörner.
Zuchtgeschichte: Da diese Rinder in den Sumpfgebieten des Pantanal gut überleben konnten, machten sie eine Besiedlung dieses Gebietes durch Menschen erst möglich. Seit Beginn des 20. Jahrhunderts wird Pantaneiro allerdings weitgehend durch Zebus ersetzt, die sich an die dortigen Verhältnisse gut angepasst haben. Die Rasse ist deshalb in ihrem Bestand ernsthaft gefährdet. Sie hat ihren Namen vom Pantanal, dem größten Feuchtgebiet der Erde. Restbestände leben heute noch dort, das während der Regenzeit fast ganz überflutet ist. 1985 wurde eine Gruppe von Kühen und Stieren als Genreserve auf eine Versuchsstation gebracht. Dieser Bestand hatte sich bis 1992 auf 11 Stiere, 49 Kühe und 24 Kalbinnen vermehrt.
Verbreitung: Pantanal, also der zentrale Westen von Brasilien (die Staaten Mato Grosso und Mato Grosso do Sul).
Leistung: Frühreif. Die Geburtenrate beträgt 72 % (Zebus unter ähnlichen Haltungsbedingungen nur 53 %). Geringe Kälbersterblichkeit, deutlich niedriger als die von Zebus. Hitzetolerant. Gut an Überschwemmungsgebiete angepasst. Das Geburtsgewicht der Stierkälber beträgt durchschnittlich 22 kg, das der Kuhkälber 19 kg.
Nutzung: Hauptnutzung Fleisch, untergeordnet Milch.
Organisation: EMBRAPA

Stier 145–150 Kuh 135–140	Stier 1100 Kuh 650	Österreich	**

Pinzgauer

Pinzger, Pinzgau (engl.)

Kennzeichen: Großrahmig mit langem Rumpf. Kastanienbraun mit breitem, weißen Streifen vom Widerrist über Rücken, Hinterseite der Oberschenkel und Bauch bis zur Unterbrust. Schwanz gleichfalls weiß. Über Unterschenkel und Oberarm laufen gewöhnlich weiße Binden („Fatschen"). Gelegentlich schwarz-weiße Tiere. Flotzmaul und Klauen dunkel. Helle Hörner mit schwarzen Spitzen.
Zuchtgeschichte: Rinder diesen Typs gab es seit Jahrhunderten nicht nur im Pinzgau, im österreichischen Land Salzburg, sondern auch in den angrenzenden Gebieten (Lungauer, Pongauer). Erst später fasste man diese einander ähnlichen Schläge unter dem jetzigen Namen zusammen. Die Kärntner Rinder gleichen Typs wurden gar bis 1925 unter dem Namen „Mölltaler" als eigenständige Rasse geführt. Im Südosten von Oberbayern waren Pinzgauer die dominierende Rinderrasse. Da sie als fleischbetontes Rind in der Milchleistung nicht mithalten konnte, wurde sie später oft von anderen Rassen verdrängt. Weltweit hat das Pinzgauer Rind als Fleischrind jedoch große Bedeutung. Die Rasse wird von der Bayerischen Regierung gefördert.
Verbreitung: Österreich, Deutschland, Osteuropa, Nordamerika, Südafrika, Neuseeland.
Leistung: Fleischbetontes Zweinutzungsrind. Durchschnittliche Jahresmilchleistung 5500 kg. Spitzenleistungen über 10 000 kg. Hervorragende Fleischqualität mit bester Marmorierung. Gutes Beinwerk, harte Klauen.
Nutzung: Hauptnutzung Fleisch, Milch.
Organisation: Arche Austria, GEH

Stier 135–140
Kuh 125–130

Stier 775
Kuh 500

Polen

***

Polnisches Rotvieh

Polska Czerwona (poln.), Polish Red (engl.)

Kennzeichen: Mittelgroß. Einfarbig dunkelrot mit dunklem Flotzmaul und dunklen Klauen. Gehörnt.

Zuchtgeschichte: Vom 18. Jahrhundert bis nach dem 2. Weltkrieg kamen sie in nahezu allen Teilen von Polen vor. Erst danach züchtete man auf einen einheitlichen Typ. 1909 schuf man eine Zuchtorganisation; 1913 wurde das Herdbuch eröffnet. Nach dem 2. Weltkrieg umfasste die Population zunächst noch mehr als zwei Millionen Individuen, davon 1,5 Millionen Milchkühe. Danach ging die Zahl deutlich zurück. 1975 wurde ein Zuchterhaltungsprogramm geschaffen. Als der Anteil der Rasse unter 1 % der polnischen Rinderpopulation gesunken war, beschloss man um 1980, Rote Dänenrinder und Angler zur Leistungsverbesserung einzukreuzen.

Verbreitung: Polen. Exporte in die Ukraine.

Leistung: Fleischbetontes Zweinutzungsrind. Gut angepasst an harte Lebensbedingungen. Die durchschnittliche Jahresmilchmenge beträgt 3800 kg mit 4,3 % Fett und 3,4 % Eiweiß. Bei guten Betrieben liegt die Leistung über 5500 kg. Die beste Kuh, „Malina“, brachte eine Jahresmilchmenge von 6924 kg mit 4,7 % Fett und 3,4 % Eiweiß. Tägliche Zunahmen 750 bis 900 g. Ausschlachtungsgrad 55–60 %. Das Fleisch ist zart und gut marmoriert. Gute Raufutterverwertung.

Nutzung: Hauptnutzung Fleisch, Milch.

Organisation: Department of Genetics, Warsaw Agr. University, PL – 02786 Warschau

Stier 135–140 Kuh 125–130	Stier 900 Kuh 550	Südtirol	*****

Pustertaler Sprinzen

Pustertaler Schecken, Sprin(t)zen

Kennzeichen: Mittelgroß. Überwiegend weiß. An den Rumpfseiten rote oder schwarze Platten, die in den Randgebieten aufgelöst sind. Kopf (Umgebung der Augen) und Beine teilweise pigmentiert. Flotzmaul dunkel. Hörner und Klauen hell.

Zuchtgeschichte: Anfang des 19. Jahrhunderts soll es die typische Zeichnung noch nicht gegeben haben. Die Pustertaler werden zum Rassenkreis der Pinzgauer gezählt, stellen aber durchaus etwas Eigenständiges dar. Ende des 19. Jahrhunderts waren die Tiere dieser Rasse im Typ und Färbung sehr einheitlich. Sie waren damals in den Ostalpen der schwerste Rinderschlag. Anfang des 20. Jahrhunderts wogen Kühe gar 600–650 kg. Nach dem zweiten Weltkrieg besaßen nur noch einige größere Bauern nennenswerte Bestände. 1984 gab es noch ungefähr 70 Individuen, danach leichter Anstieg der Tierzahl.

Verbreitung: Südtirol, Österreich, Deutschland. Im westlichen Piemont/Italien in den Provinzen Turin und Cuneo gibt es Rinder, die den Pustertaler Sprinzen im Aussehen sowie genetisch nahestehen.

Leistung: Robust und genügsam. Die durchschnittliche Jahresmilchmenge beträgt ca. 3700 kg. Außerhalb von Südtirol meist als Mutterkühe gehalten. Freundliches Wesen. Langlebig. Erstkalbealter 30 Monate. Gut bemuskelt.

Nutzung: Hauptnutzung Fleisch, Milch.

Organisation: Arche Austria, GEH

Stier 135–140 Kuh 125–130	Stier 750–800 Kuh 500–550	Südostengland, GB	*

Red Poll

Kennzeichen: Mittelgroß. Einfarbig dunkelrot. Dunkles Flotzmaul, dunkle Klauen. Schwanzspitze weiß. Genetisch hornlos.
Zuchtgeschichte: Zu Beginn des 19. Jahrhundert aus dem Milchtyp Suffolk Dun (genetisch hornlos; rot bis graubraun) und dem Masttyp Norfolk Red (gehörnt; rot, oft mit Blässe) gezüchtet. Sie wurde 1846 als Rasse anerkannt. Ein Herdbuch besteht seit 1873. Im Jahre 1882 wurde die bis dahin „Norfolk and Suffolk Polled" genannte Rasse in „Red Polled" umgenannt; im selben Jahr entstand die „Red Polled Cattle Society". Erst 1907 wurde der Name auf die jetzt geltende Form gekürzt: „Red Poll". Nach dem zweiten Weltkrieg war Red Poll eine der bedeutendsten Rassen Großbritanniens. In den 60er Jahren des vergangenen Jahrhunderts ging ihre Bedeutung zurück. Damals wurden zunächst Rote Dänen eingekreuzt, später durch diese Rasse nahezu verdrängt. Der Tiefpunkt lag um 1980; danach leichter Anstieg der Kopfzahl.
Verbreitung: Großbritannien, Nordamerika, Australien, Brasilien und viele andere Staaten.
Leistung: Zweinutzungsrind. In den meisten Betrieben wird gemolken. Die durchschnittliche Jahresmilchleistung liegt bei 4000 kg mit 3,9 % Fett. Einige Herden dienen der Mutterkuhhaltung. Robust und anspruchslos. Für viele Infektionskrankheiten wenig anfällig.
Nutzung: Hauptnutzung Fleisch, Milch.
Organisation: RBST

Stier 130
Kuh 125

Stier 600–650
Kuh 450–500

Italienische Alpen

**

Rendena

Rendene (ital.)

Kennzeichen: Kompaktes, mittelgroßes Rind. Dunkel- bis schwarzbraun. Gelegentlich weiße Flecken an der Unterseite des Rumpfes. Weiße Umgebung des Flotzmauls (Mehlmaul). Hornspitzen und Klauen dunkel.

Zuchtgeschichte: Alte, bodenständige Rasse, die dem Braunvieh nahe stehen soll. Es wird vermutet, dass es von illyrischen Kurzhornrindern abstammt. Diese Tiere sollen schon vor der Römerzeit in die Ostalpen gebracht worden sein. Mitte des 19. Jahrhunderts wurde Braunvieh aus der Schweiz eingekreuzt. Seitdem hat sie sich von einem Dreinutzungsrind (Arbeit/Milch/Fleisch) in ein Zweinutzungsrind (Fleisch/Milch) gewandelt. Seit dem 19. Jahrhundert gab es einen Zuchtverband, der jedoch einschlief. 1940 umfasste die Population noch 45 000 Individuen. Ihren Tiefstand erreichte die Rasse 1976 mit 5000 Köpfen. Danach wieder leichte Aufwärtsentwicklung. Seit 1980 gibt es in Trient wieder einen Zuchtverband (Associazione Nationale Allevatori Bovini di Razza Rendena) und ein Herdbuch. Danach wieder deutlicher Aufschwung. Im Herdbuch sind ungefähr 5000 Kühe und 50 Stiere.

Verbreitung: In Italien nördlich des Gardasees.

Leistung: Milchbetontes Zweinutzungsrind. Die durchschnittliche Jahresmilchmenge liegt bei 4400 kg mit 3,6 % Fett und 3,3 % Eiweiß. Gut an Hochgebirgssituation angepasst.

Nutzung: Hauptnutzung Milch, Fleisch.

Organisation: AIA

Stier 140 Kuh 130	Stier 900 Kuh 600	Deutsche Mittelgebirge	****

Rotes Höhenvieh

Mitteldeutsches Rotvieh, Teilpopulationen nach Herkunft

Kennzeichen: Mittelgroß. Einheitlich sattes Rot, teilweise mit weißer Schwanzquaste. Helles Flotzmaul. Helle Hörner mit dunkler Spitze.
Zuchtgeschichte: Im 19. Jahrhundert gab es in der Mittelgebirgsregion zahlreiche rote Schläge wie Harzer, Vogelsberger, Odenwälder, Voigtländer. Neben anderen körperlichen Merkmalen hatten sie (im Gegensatz zum Angler Rind) ein fleischfarbenes Flotzmaul. 1911 wurden die roten Rassen der deutschen Mittelgebirge durch den „Verband Mitteldeutscher Rotviehzüchter" mit einheitlichem Zuchtziel zusammengefasst. Damals wurde noch auf gute Arbeitswilligkeit und -fähigkeit Wert gelegt. Da diese Eigenschaften wegen der Motorisierung ihre Bedeutung verloren, ging die Zahl der Tiere ständig zurück. Daraufhin wurde 1983 in Hessen ein „Arbeitskreis zur Erhaltung der Genreserven des Roten Höhenviehs" gegründet. Zunehmend kreuzte man in die Restpopulation das Rote Angler Rinder ein. Zwischen allen Rotviehschlägen besteht ein beträchtlicher Austausch von Zuchttieren.
Verbreitung: Deutschland.
Leistung: Genügsam und robust. Fruchtbar und langlebig. Fleischbetontes Zweinutzungsrind. Die Jahresmilchleistung liegt bei 4500 kg mit 4,2 % Fett. Meist jedoch als Mutterkühe gehalten. Gut in der Landschaftspflege einsetzbar.
Nutzung: Hauptnutzung Fleisch, Landschaftspflege, untergeordnet Milch.
Organisation: GEH

Stier 130–135 *Kuh 120–125*	*Stier 600–650* *Kuh 400–450*	*Shetland-Inseln*	*****

Shetland

Kennzeichen: Kleinrahmig. Fast ausschließlich schwarz-weiß, gelegentlich rot-weiß gescheckt. Vereinzelt weitgehend einfarbig schwarz, rot oder graubraun. Dunkles Flotzmaul. Gehörnt.
Zuchtgeschichte: Aus bodenständigen Rindern hervorgegangen, die möglicherweise ursprünglich aus Norwegen kamen. Im 19. Jahrhundert wurden Shorthorn, Aberdeen-Angus und Highlands eingekreuzt. Nach 1911 gab es vorübergehend ein Herdbuch. Bis in die Nachkriegszeit auf den Shetland-Inseln weit verbreitet; danach ging die Zahl der Tiere rasch zurück. 1979 gab es nur noch 61 weibliche und neun männliche Tiere. Später trat eine gezielte Zucht ein, und die Tiere wurden besser ernährt. Allerdings stellte sich heraus, dass die Kühe bei besserer Ernährung leicht verfetten; darunter leidet die Fruchtbarkeit. Die Zahl der Tiere ist in den letzten Jahren leicht gestiegen.
Verbreitung: Shetland-Inseln, Falkland-Inseln. Haustierparks in Großbritannien.
Leistung: Fleischbetont. Gelegentlich werden Kühe für den Hausgebrauch gemolken. Als Nachteil wird empfunden, dass man kaum einen Eimer unter die kleinen Kühe stellen kann. Extrem anspruchslos und robust. Zumindest früher waren die Shetland-Rinder außerordentlich anspruchslos. Sie fraßen Tang, Heidekraut und sogar angespülte Fische. Langlebig.
Nutzung: Hauptnutzung Fleisch, Milch.
Organisation: RBST

Stier 140 Kuh 125	Stier 400 Kuh 300	Region des Tschadsees	*

Shoa

Shuwa, Wadara (Ha-ussa), Shuwa Arab (arab.), Choa (franz.)

Kennzeichen: Kleinwüchsig. Relativ kräftiger Körperbau. Im Allgemeinen tiefrot, gelegentlich schwarz oder gescheckt. Dunkles Flotzmaul und dunkle Klauen. Wenig ausgeprägter Buckel. Mittellange Hörner.

Zuchtgeschichte: Der Name Shoa oder Shuwa leitet sich von den Shuwa-Arabern her, die früher mit ihren Herden als Nomaden umher zogen. Heute sind sie südlich des Tschadsees (Teile Nigerias und des Tschad, Nord-Kamerun) sesshaft. Die Herden werden jedoch weiterhin halbnomadisch gehalten. Während der Trockenzeit ziehen Hirten viele Kilometer bis an den Tschadsee. Shoa geht vermutlich auf bodenständige buckellose Rinder zurück, die die Shuwa-Araber mit Zebus gekreuzt haben. Sie gehören dem westafrikanischen Kurzhorn-Zebu-Typ an. Man unterscheidet, je nach Einfluss anderer Rassen, mehrere Typen: Tupuri, Lagone, Kilara und Fellata.

Verbreitung: In Nigeria, Tschad und Kamerun südlich des Tschadsees.

Leistung: Gut bemuskelt. Spätreif; die Kühe gebären im vierten Lebensjahr zum ersten Mal. Die Milchleistung liegt bei 1000 bis 1500 kg pro Jahr; Spitzenkühe erreichen 1800 kg/Jahr. Anspruchslos und ausdauernd. Sie werden gelegentlich als Reit- und Packtiere genutzt. Gute Fleischrasse.

Nutzung: Hauptnutzung Fleisch, untergeordnet Arbeit, Milch.

Organisation: –

Stier 135 Kuh 120	Stier 700–800 Kuh 450–500	Provinz Telemark, N	****

Telemarkrind

Telemarkfe (norw.)

Kennzeichen: Mittelgroß. Rot-weiß. Die Pigmentierung betrifft vor allem die Rumpfseiten. Diese Seitenplatten enden am Rande in einer Sprenkelung. An Kopf und Beinen aufgelöste Färbung. Pigmentierung um Flotzmaul und Ohren. Kopfseiten gesprenkelt. Umlaufender weißer Streifen; vor allem an Rücken, Rumpfunterseite und Schwanz. Relativ kurzbeinig. Feingliedrig. Lange leierförmige Hörner.

Zuchtgeschichte: Aus der Kreuzung von zahlreichen bodenständigen Rinderschlägen entstanden. Älteste Rinderrasse Norwegens. Wurde schon 1856 als eigenständige Rasse anerkannt. 1895 wurde ein Herdbuch erstellt. Während des 19. Jahrhunderts kreuzte man Ayrshire ein. Eine Zuchtgesellschaft wurde 1926 gegründet. Man unterscheidet zwei Schläge: Hallingdal und Valdres. Ursprünglich hatte das Telemarkrind außer den Seitenplatten wenig Pigment; durch Ayrshire dehnte sich die Färbung aus, durch Einkreuzung von Norwegischem Rotvieh wurde die Pigmentierung dunkler. Trotz guter Milchleistung gingen die Bestände ständig zurück. 1989 waren nur noch 302 Kühe im Herdbuch.

Verbreitung: Provinz Telemark im südlichen Teil von Mittel-Norwegen.

Leistung: Milchbetonte Zweinutzungsrasse. Die durchschnittliche Jahresmilchleistung liegt bei 4100 kg mit 4,1 % Fett und 3,3 % Eiweiß.

Nutzung: Hauptnutzung Milch, Fleisch.

Organisation: Landslaget for Telemarkfe

Größe	Gewicht	Verbreitung	Gefährdung
Stier 120 Kuh 115	Stier 450 Kuh 350	Baskenland	*****

Terreña

Terrana (span.)

Kennzeichen: Klein. Dunkel- bis schwarzbraun. Kopf und Hals sind dunkler als der übrige Körper. Sattellage, Becken und Schwanz oft aufgehellt. Schwanzquaste schwarz. Verlängerte Haare zwischen den Hörnern rötlich. Dunkles Flotzmaul. Umgebung des Flotzmauls weiß. Gehörnt.
Zuchtgeschichte: Autochthone Rasse des Baskenlandes/Nordspanien. Heute nur noch in den Bergen des westlichen Baskenlandes. Mit Unterstützung der baskischen Regierung bemüht sich eine regionale Züchterorganisation um die Erhaltung der Rasse; auch an einer Verbesserung der Leistung wird gearbeitet. Es gibt nur noch weniger als 100 reinrassige Kühe und eine geringe Zahl von Stieren. Der Name Terreña stammt aus dem Baskischen (Euskara).
Verbreitung: Baskenland/Nordspanien.
Leistung: Landrasse, die ganzjährig im Freien gehalten wird. Spätreif, langlebig. Verhältnismäßig schwach bemuskelt. Die Tiere werden zu verschiedenen folkloristischen Ereignissen herangezogen. Ochsen gehen vor Pflug und Wagen. Robust und anspruchslos.
Nutzung: Hauptnutzung Fleisch, Arbeit, Sport.
Organisation: SERGA

Stier 130 Kuh 120	Stier 600–750 Kuh 400–600	Texas, USA	*

Texas Longhorn

Kennzeichen: Mittelgroß. Langbeinig und schmal. Es gibt alle denkbaren Farbvarianten: Einfarbig schwarz, weiß, rot und braun sowie Schecken. Man kann Tiere mit Pinzgauerscheckung ebenso wie solche mit Färbung der Pustertaler antreffen. Auch gestromte und dreifarbige Tiere kommen vor.

Zuchtgeschichte: Seit 1540 kamen mit den Spaniern Rinder aus Mexiko über den Rio Grande in das damals noch von den Spaniern beherrschte Texas. Die Tiere lebten in dem unwirtlichen Land nahezu verwildert. Weitgehend durch natürliche Auslese entwickelte sich ein schlanker, langbeiniger Typ mit langen Hörnern. In Hinblick auf Ausschlachtung und Fleischqualität konnte Texas Longhorn jedoch mit den europäischen Fleischrassen nicht mithalten. Es geriet weitgehend in Vergessenheit und starb nahezu aus. Da Texas Longhorn aber einen wesentlichen Teil des nordamerikanischen Erbes darstellen, wurde ihre Haltung ab 1927 staatlich unterstützt. 1964 wurde eine Zuchtorganisation gegründet; damals gab es 1500 Tiere. Seit jener Zeit gibt es ein Herdbuch, das 1974 geschlossen wurde.

Verbreitung: USA, Neuseeland.

Leistung: Extrem genügsam und widerstandsfähig. Spätreif aber langlebig. Temperamentvoll. Für den Landschaftsschutz gut geeignet. Das Fleisch soll für bestimmte Formen der Zubereitung bestens geeignet sein.

Nutzung: Hauptnutzung Fleisch, Landschaftspflege, Haut/Fell.

Organisation: ALBC

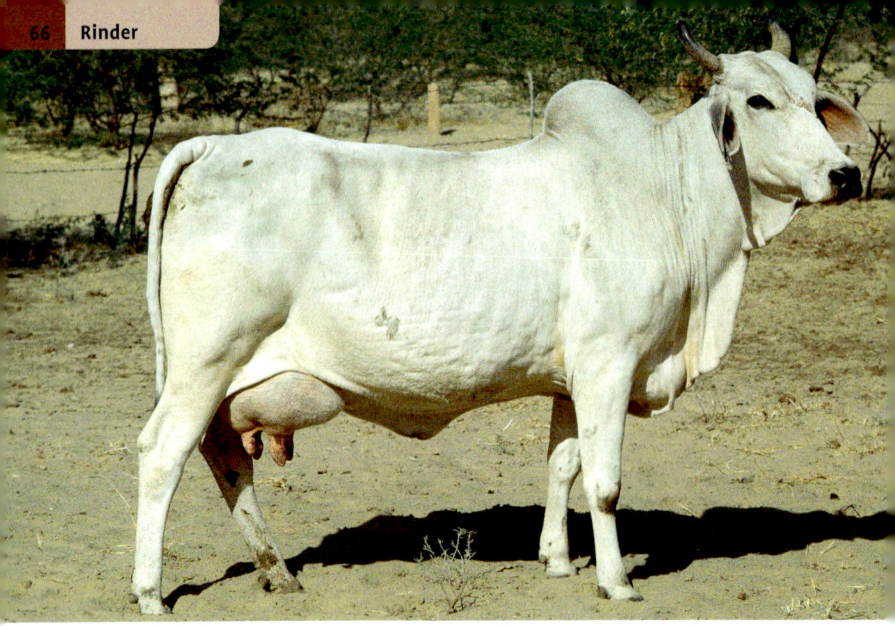

Stier 140–150 Kuh 130–138	Stier 500–600 Kuh 400	Distrikt Tharparkar, PK	*

Tharparkar

White Sindhi. In ihrer Heimat wird die Rasse als „Tharó“ bezeichnet, nach der Wüste Thar. Manchmal auch „Cutch“, nach dem indischen Fürstentum Kutch.

Kennzeichen: Mittelgroß. Tiefrumpfig. Weiß bis grau. Im Winter sind alle Tiere dunkler. Leierförmige Hörner. Lider und Wimpern schwarz. Dunkles Flotzmaul. Hörner und Klauen dunkel. Lange und breite herabhängende Ohren.
Zuchtgeschichte: In der Provinz Sindh im Südosten Pakistans entstanden. Die Rasse ist dort traditionell im Besitz von Nomaden, die „Maldars“ genannt werden. Von ihnen werden gewöhnlich Herden mit 5o bis 300 Tieren gehalten. Wenn Tharparkars nicht täglich Umgang mit Menschen haben, werden sie scheu und sie neigen zum Verwildern. Im Gegensatz zu vielen pakistanischen und indischen Zeburassen wurde Tharparkah kaum in andere Regionen exportiert. In Indien gibt es sowohl ein Herdbuch als auch eine Zuchtgemeinschaft.
Verbreitung: Provinz Sindh in Pakistan; Rajasthan in Indien.
Leistung: Anspruchslos und hart. Sie ertragen extreme klimatische Bedingungen. Exzellente Futterverwerter. Für viele Tropenkrankheiten wenig anfällig. Produzieren unter widrigen Haltungsbedingungen ansehnliche Milchmengen. Die Jahresmilchmenge liegt bei 1800 bis 2600 kg. Erstkalbungen mit 38 bis 42 Monaten. Kalbeintervalle 14 bis 15 Monate. Nutzung vor allem als Zugtiere.
Nutzung: Hauptnutzung Arbeit, Milch, untergeordnet Fleisch.
Organisation: –

Stier 135–140 Kuh 125–130	Stier 900–1000 Kuh 550–600	Tirol, A	***

Tiroler Grauvieh

Grigio Alpina (ital.), Grey Alpine (engl.)

Kennzeichen: Mittelgroß und feingliedrig. Silber- bis eisengrau; oft mit bräunlichem Anflug. Stiere deutlich dunkler. Stärkere Pigmentierung an Kopf, Hals und Schultern. Umgebung des Flotzmauls, Rumpfunterseite und Innenseite der Beine sind heller. Dunkle Klauen und Hörner.
Zuchtgeschichte: Die Rasse ist schon seit dem 18. Jahrhundert bekannt. Im 19. Jahrhundert bildeten sich drei Schläge heraus: Oberinntaler, Wipptaler und Etschtaler. Da diese einander im Typ immer mehr anglichen, kam es zu einer Zusammenfassung unter dem jetzigen Namen. Anfang des 20. Jahrhunderts schlossen Züchter sich zu Genossenschaften zusammen. Deutlicher Rückgang der Bestände nach dem 2. Weltkrieg. In den 80er Jahren des vergangenen Jahrhunderts wurde eine größere Anzahl von Tieren in die Schweiz verkauft, wo sie unter anderem Namen geführt werden. Durch geschickte wissenschaftliche Begleitung konnte die Leistung gehoben und ein weiterer Rückgang der Bestände verhindert werden.
Verbreitung: Nord- und Südtirol, Bayern.
Leistung: Zweinutzungsrind mit gleicher Betonung von Milch und Fleisch. Jahresmilchmenge 5000 kg. Durch besondere Zusammensetzung des Eiweiß ist die Milch gut zur Verkäsung geeignet. Gut an extreme Ernährungs- und Witterungsverhältnisse angepasst. Genügsam, beste Futterverwertung.
Nutzung: Hauptnutzung Milch, Fleisch.
Organisation: Arche Austria

Größe	Gewicht	Herkunft	Gefährdung
Stier 130 Kuh 119	Stier 650 Kuh 350–450	Umgebung von Trondheim, N	***

Trönderrind

Sidet Trønderfe (norw.), Nordlandsfe (norw.), Blacksided Trondheim (engl.)

Kennzeichen: Mittelgroß. Pigmentierte Seitenplatten. Dabei variiert die Pigmentierung von weitgehend einfarbig mit umlaufenden weißen Streifen bis fast farblos. Die Pigmentierung ist zumeist schwarz, doch kommen auch rote, graue und gestromte Tiere vor. Feingliedrig. Dunkles Flotzmaul. Von Natur aus hornlos.
Zuchtgeschichte: Bildete sich aus der bodenständigen norwegischen Rinderpopulation, möglicherweise unter dem Einfluss schwedischer Rinder, heraus. Die organisierte Zuchtarbeit begann Anfang des 19. Jahrhunderts; sie basierte zum großen Teil aus dem Vieh der Umgebung von Røros. Mit diesem Rørosvieh wurden später andere Schläge zum „Rückenscheckigen Trønder- und Nordlandsvieh" vereinigt. Ein Zuchtverband für diese Rasse wurde 1946 gegründet. 1967 gab es noch 3400 Kühe. Nach einem Tiefpunkt in der Zucht um 1980 jetzt ständig steigendes Interesse. Zusammenarbeit mit der schwedischen Schwesterrasse „Svensk Kullig Boskap".
Verbreitung: Mittleres Norwegen, nördlich bis zu den Lofoten. Insbesondere im Kreis Sor-Trondelag.
Leistung: Milchbetonte Zweinutzungsrasse. Die mittlere Milchleistung liegt bei 4500 kg mit 4,3 % Fett und 3,3 % Eiweiß. Geringer Erhaltungsbedarf. Frühreif. Langlebig. Umgänglich und pflegeleicht.
Nutzung: Hauptnutzung Milch, Fleisch.
Organisation: Norsk Landbrukesmuseum, Genressursutvalget ÅS/N

Stier 135 Kuh 130	Stier 550 Kuh 400	Kantabrien, E	***

Tudanca

Raza Tudanca (span.)

Kennzeichen: Klein. Kühe grau bis anthrazitfarben mit rötlichem Anflug. Umgebung des Flotzmauls und Augenringe aufgehellt. Hörner weit ausladend. Stiere dunkelgrau bis schwarz mit silbergrauem Rückenstreifen. Die Hörner gehen zunächst zur Seite und dann nach vorn; die Spitzen zeigen nach oben. Kälber werden rötlich geboren; sie färben über silbergrau nach schwarz um.

Zuchtgeschichte: Die Rasse ist schon seit mehr als 300 Jahren bekannt. Sie wird in Kantabrien/Nordspanien gehalten. 1947 wurde eine Zuchtgesellschaft gegründet. Die Zahl der Tiere sank nach dem Zweiten Weltkrieg beträchtlich. 1978 kam es zur Neugründung einer Zuchtorganisation, um die verbliebenen Tiere zu retten. Die Zahl der reinrassigen Tiere ging dennoch zurück; die Herden werden teilweise mit anderen Rassen verkreuzt oder durch solche ersetzt.

Verbreitung: Kantabrien/Nordspanien.

Leistung: Spätreife Landrasse. Robust und anspruchslos. Ganzjährige Weidehaltung der Kühe. Gelegentlich Stallhaltung von Jungtieren zur Mast. Vereinzelt werden Ochsen als Zugtiere genutzt. Einige Kühe werden gemolken. Da die Kühe gleichzeitig ihr Kalb aufziehen, beträgt diese ermolkene Milch nur 500 bis 700 kg pro Jahr. Die Butter hat einen charakteristischen Geschmack.

Nutzung: Hauptnutzung Fleisch, Arbeit, untergeordnet Milch.

Organisation: SERGA

Stier 140 Kuh 130	Stier 900 Kuh 600	Zillertal, A	****

Tux-Zillertaler

Tuxer

Kennzeichen: Mittelgroß. Rot, braun oder schwarz gefärbt. Weiße Zeichnung über dem Becken (Feder), weiße Unterseite des Rumpfes sowie weißer Schwanz. Das Flotzmaul ist von einem braunen Ring umgeben. Kurzer Kopf mit kräftigen Hörnern. Klauen und Hornspitzen dunkel.

Zuchtgeschichte: Wegen ihrer Färbung gehören die Tuxer zum Pinzgauer Rassenkreis. Im 19. Jahrhundert wurden die schwarz-weißen Tuxer und die rotweißen Zillertaler zunächst getrennt gezüchtet. Später fasste man sie zu einer Rasse zusammen. Vorübergehend waren die Tux-Zillertaler auch außerhalb ihres Ursprungsgebietes sehr beliebt. Doch der Rückgang setzte schon Ende des 19. Jahrhunderts ein. 1928 war die Population auf 1500 Individuen geschrumpft. Nach der Mitte des 20. Jahrhunderts gab es nur noch Restbestände. In einem Museum in Salzburg stand damals eine ausgestopfte Kuh, die angeblich die letzte dieser Rasse war. Glücklicherweise stimmte das nicht. In den 80er Jahren wurde ein Verein zur Förderung des Tuxer Rindes gegründet. Seitdem hat der Bestand sich wieder deutlich erhöht.

Verbreitung: Zillertal/Tirol.

Leistung: Fleischbetonte Zweinutzungsrasse. Leichte Geburten. Hohe tägliche Zunahmen; gute Fleischqualität. 2007 betrug die durchschnittliche Jahresmilchmenge von 135 Kühen 4443 kg. Alptüchtig. Geeignet für die Mutterkuhhaltung.

Nutzung: Hauptnutzung Fleisch, untergeordnet Milch, Landschaftspflege.

Organisation: Arche Austria

↕ Stier 146 Kuh 135	Stier 750–800 Kuh 550–600	Ungarn	⚠ *

Ungarisches Steppenrind

Magyar Szürke (ung.), Hungarian Grey (engl.), Graurind

Kennzeichen: Großrahmig, schlank. Silber- bis mittelgrau (kranichfarben). Schwarz sind Flotzmaul, Umgebung der Augen, Klauen, Schwanzquaste sowie Hornspitzen. Langbeinig, ausgeprägte Wamme. Sehr lange Hörner. Die Hornform variiert; man spricht unter anderem von Gabel- und Tulpenform.
Zuchtgeschichte: Die Magyaren sollen derartige Rinder schon im 9. Jahrhundert von der Gegend nordöstlich der Karpaten mitgebracht haben. Der früheste Bericht von langhörnigen Rindern in Ungarn stammt aus dem 16. Jahrhundert. Seit dieser Zeit wurden sie in großer Zahl im Osten des jetzigen Ungarn in den ausgedehnten Steppen gehalten. Bis Ende des 19. Jahrhunderts war das Steppenrind die weitaus bedeutendste Rinderrasse von Ungarn. 1931 Einkreuzung von Maremmana zur Erhöhung der Leistungsfähigkeit. Die Zahl der Tiere ging dennoch ständig zurück; 1962 gab es nur noch 200 Kühe und sechs Stiere. Seitdem beachtlicher Aufschwung.
Verbreitung: Ungarn, Österreich.
Leistung: Sie werden als Mutterkühe gehalten und zur Landschaftspflege eingesetzt. Die Milchleistung reicht nur zur Aufzucht des Kalbes. Messungen in einigen Herden ergaben Durchschnittswerte bis 2000 kg pro Jahr. Spitzentiere erreichen mehr als 3000 kg im Jahr mit 5,0 % Fett.
Nutzung: Hauptnutzung Fleisch, Landschaftspflege.
Organisation: OMMI

Stier 135 Kuh 125	Stier 600–700 Kuh 500	Aostatal, I	**

Valdostana Castana

Aosta Chestnut (engl.)

Kennzeichen: Kleinrahmig. Gut bemuskelt. Einfarbig kastanienbraun. Feiner Knochenbau. Breiter, kurzer Kopf. Hornspitzen und Klauen dunkel.
Zuchtgeschichte: Aus bodenständigen Rindern unter Einfluss von Eringern aus dem Wallis entstanden. Erst 1983 wurde ein Herdbuch gegründet. Die Rasse umfasste damals 15 000 Tiere, 1985 offizielle Anerkennung als Rasse. 1992 waren 4800 Kühe und etwas über 100 Bullen im Herdbuch. Gegenwärtig soll es ungefähr 6000 Kühe geben; ein leichter Anstieg also. Valdostana Castana zählt wie die beiden anderen Valdostana-Rassen, zur Gruppe der kurzköpfigen Alpenrinder. Von einigen Bullen wurden Spermaproben tiefgefroren.
Verbreitung: Aostatal im Nordwesten Oberitaliens.
Leistung: Im Vordergrund stand stets die gute Kampffähigkeit der Kühe. Im Gegensatz zu den Kuhkämpfen in Spanien kämpft hier Kuh gegen Kuh. Es wird hier die ausgeprägte Neigung zu sozialen Auseinandersetzungen genutzt. Die durchschnittliche Jahresmilchmenge liegt bei 3000 kg mit 3,7 % Fett und 3,5 % Eiweiß. Robust und berggängig.
Nutzung: Hauptnutzung Milch, Sport, Fleisch.
Organisation: AIA

Stier 130–135 Kuh 125	Stier 550–650 Kuh 450–550	Aostatal, I	**

Valdostana Pezzata Nera

Aosta Black Pied (engl.), Aosta Black Spotted (engl.)

Kennzeichen: Mittelrahmig. Gut bemuskelt. Schwarz-weiß gescheckt; Kopf schwarz mit weißen Abzeichen. Gehörnt.
Zuchtgeschichte: Seit 1900 als eigenständige Rasse anerkannt. Ein Herdbuch gibt es seit 1992. Die Rasse überschritt nie einige 1000 Tiere. Es besteht ein gewisser Blutaustausch mit Evolene, deren Zuchtgebiet nur durch einen Bergkamm getrennt, nördlich des Aostatals im Wallis liegt. Sie stehen im Typ dem Valdostana Castana nahe.
Verbreitung: Aostatal (Nordwesten Oberitaliens).
Leistung: Temperamentvoll und kampfbereit. Im Aostatal (Regione Autonoma Valle d' Aosta) werden an unterschiedlichen Orten von März bis Oktober Kuhkämpfe, die Batailles des Reines, durchgeführt. Die durchschnittliche Jahresmilchmenge liegt bei 3200 kg mit 3,6 % Fett und 3,4 % Eiweiß. Die Kälber haben ein Geburtsgewicht von 35 kg. Mastrinder schlachten mit ca. 62 % aus. Die Rasse ist gut an die Hochgebirgssituation angepasst. Sie ist robust und anspruchslos.
Nutzung: Hauptnutzung Milch, Sport, Fleisch.
Organisation: AIA

Stier 135 Kuh 125	Stier 600–700 Kuh 450–550	Aostatal, I	*

Valdostana Pezzata Rossa

Aosta Red Pied (engl.), Aosta Red Spotted (engl.)

Kennzeichen: Kompakte, muskulöse, mittelgroße Rasse. Rot-weiß gescheckt. Oberseite des Rumpfes oft gedeckt rot. Unterseite des Rumpfes, Kopf und Unterbeine weiß. Hörner und Klauen hell.

Zuchtgeschichte: Um die Mitte des 19. Jahrhunderts wurden Rinder, Tarentaise und Abondance aus Frankreich sowie Simmentaler und Eringer aus der Schweiz, in die bodenständige Rinderpopulation des Aostatals eingekreuzt. 1890 eröffnete man im Aostatal für rotweiße Rinder ein Herdbuch. 1937 wurde ein Rassestandard erstellt. Die Rasse umfasste 1958 noch 125 000 Tiere. Nach einem deutlichen Rückgang in den 60er Jahren des vergangenen Jahrhunderts und einem Aufschwung in der folgenden Zeit nahmen die Bestände ständig langsam ab. Seit 1982 besteht ein Zuchtverband. 1992 gab es noch knapp 15 000 Kühe und weniger als 200 Stiere. Von einigen Stieren wurden Spermaproben tiefgefroren.

Verbreitung: Aostatal, Piemont und Ligurien (nordwestliches Italien).

Leistung: Milchbetontes Zweinutzungrind. Mit einer durchschnittlichen Jahresmilchmenge von 3700 kg mit 3,8 % Fett und 3,4 % Eiweiß liegt diese Rasse deutlich über den beiden anderen Valdostana-Rassen. Die Milchleistung kommt unter den harten Bedingungen des Hochgebirges ohne Zufüttung von Kraftfutter zustande.

Nutzung: Hauptnutzung Milch, Sport, Fleisch.

Organisation: AIA

Stier 140 Kuh 130	Stier 650–750 Kuh 500–550	Oberitalien	****

Varzese Ottonese

Montana, Bionda, Tortonese (ital.)

Kennzeichen: Mittelgroß. Hell- bis rotgelb. Die Kälber werden hellbraun geboren; sie färben im Alter von 3–4 Monaten um. Hörner und Klauen sind hell, das Flotzmaul fleischfarben.

Zuchtgeschichte: Aus bodenständigen Rindern entstanden, deren Vorfahren möglicherweise schon von den Langobarden auf der Völkerwanderung im 6. Jahrhundert nach Norditalien gebracht wurden. Die Rasse ist aus mehreren Schlägen von ähnlichem Aussehen entstanden: der eine Schlag war in den Hügeln von Tortona in der Provinz Alessandria beheimatet (Tortonese), aus Cabella in der Provinz Genua kommen die Cabellota, aus der Ottone Region in der Provinz Piacenza die Ottonese und aus Varzi in der Provinz Pavia die Varzese. 1940 wurde die Zahl aller Tiere dieser Rasse auf 20 000 geschätzt. Kreuzungen mit Brown Swiss und schließlich Verdrängung durch diese Rasse ließ die Bestände dramatisch schrumpfen. Seit 1960 gibt es ein Herdbuch. 1987 waren nur noch 280 Tiere dieser Rasse vorhanden. Daraufhin wurde ein Erhaltungsprogramm beschlossen. Später wurde Limousin eingekreuzt, so dass es schließlich nur noch ungefähr 100 reinrassige Kühe in 13 Betrieben gab.

Verbreitung: Po-Ebene und Berggegend um Genua.

Leistung: Robuste Landrasse. Die jährliche Milchleistung liegt bei 3500 kg. Hoher Fett- und Eiweißgehalt.

Nutzung: Hauptnutzung Milch, Fleisch, untergeordnet Arbeit.

Organisation: AIA

Stier 150 Kuh 140	Stier 900–1200 Kuh 700	Französische Alpen	****

Villard de Lans

Kennzeichen: Großrahmig. Einfarbig blond bis rötlich gelb. Helles Flotzmaul, helle Klauen.
Zuchtgeschichte: In den Bergen von Vercors in den französischen Alpen beheimatet. Sie entstand 1850 aus den Lokalrassen Fémeline und Bressane. Die Anerkennung als Rasse erfolgte 1862. Ende des 19. Jahrhunderts umfasste diese und die benachbarte und im Aussehen ähnliche Rasse Mézenc je 50 000 Köpfe. Im Laufe der Zeit ging Mézenc in Villard-de-Lans auf, doch die Zahl der Tiere sank dennoch drastisch. 1958 gab es nur noch 7500. Deshalb beschloss man 1976 ein Erhaltungsprogramm. 1978 wurde ein Herdbuch gegründet. 1988 waren es nur noch wenig mehr als hundert Kühe in 30 landwirtschaftlichen Betrieben. Seitdem hat sich der Bestand leicht erholt.
Verbreitung: Französische Alpen. Einzelne Bestände in den angrenzenden Ländern.
Leistung: Fleischbetontes Zweinutzungsrind. Die Jahresmilchleistung liegt bei 4000 kg mit 4,2 % Fett und 3,3 % Eiweiß. Die Milch ist besonders für die Herstellung des „Bleu Vercors-Sassenage"-Käses geeignet. Meist als Mutterkühe gehalten. Die Stiere werden im Ursprungsgebiet nach wie vor als Arbeitsrinder eingesetzt. Sie sind gutmütig und ausdauernd. Sehr bewährt haben sie sich beim Holzrücken. Gute Futterverwerter.
Nutzung: Hauptnutzung Fleisch, untergeordnet Milch, Arbeit.
Organisation: IEDG

Stier 130–135 Kuh 125–130	Stier 900–1000 Kuh 550–600	Vogesen	*

Vogesenrind

Vosgienne (franz.)

Kennzeichen: Mittelgroß. Mehr oder minder ausgeprägte schwarze Seitenplatten, die an ihren Rändern fleckig aufgelöst sind. Rücken, Schwanz und Unterseite stets weiß, Kopf vorwiegend weiß. Flotzmaul und dessen Umgebung sowie Ohren schwarz. Hörner und Klauen meist dunkel.

Zuchtgeschichte: Aus bodenständigen Rindern entstanden. Noch um 1900 war das Vogesenrind mit 125 000 Individuen in weiten Teilen der Vogesen die führende Rasse. Seit 1928 besteht ein Herdbuch. 1967 waren nur noch 13 000 Tiere vorhanden. 1971 wurden 200 Spermaproben des ähnlich aussehenden Telemarkrindes importiert; gleichzeitig setzte man vier Kreuzungsstiere Telemark × Vogesenrind in der Besamung ein. Ihren Tiefpunkt hatte die Rasse 1976: damals umfasste die Rasse nur noch 3000 Köpfe. Daraufhin wurde 1977 ein Plan zu ihrer Erhaltung aufgestellt; ein Forschungsprogramm folgte 1984. Diese Maßnahmen führten zu einer deutlichen Erholung der Bestände.

Verbreitung: Vogesen.

Leistung: Zweinutzungsrind. Die durchschnittliche Jahresmilchmenge liegt bei 3500 kg mit 3,9 % Fett. Auf Grund ihrer Eiweißzusammensetzung ist die Milch gut für den weit über die Grenzen des Verbreitungsgebietes hinaus bekannten Münsterkäse geeignet. Die Rasse kommt hervorragend mit dem rauen Klima der Hochlagen der Vogesen zurecht. Robust und anspruchslos.

Nutzung: Hauptnutzung Milch, Fleisch.

Organisation: IEDG

Stier 145 Kuh 135	Stier 1000–1100 Kuh 600–650	Schwarzwald, D	*

Vorderwälder

Kennzeichen: Knapp mittelrahmig mit feinem Knochenbau. Pigmentierung von lederfarben bis dunkelrot. Gescheckt aber auch gedeckt. Stets weißer Kopf und weiße Unterbeine. Hörner und Klauen hell.

Zuchtgeschichte: Das „Wäldervieh" wird 1829 zum ersten Mal urkundlich erwähnt. Aus ihm entstand neben dem Hinterwälder das Vorderwälder Rind. Die Gründung der ersten Vorderwälder Zuchtgenossenschaften erfolgte 1895 in Neustadt/Schwarzwald sowie 1896 in Freiburg i. Br. Ende des 19. Jahrhunderts gab es ungefähr 60 000 Tiere dieser Rasse. 1902 erfolgte der Zusammenschluss zu einem einzigen Vorderwälder-Zuchtverband. 1925 umfasste die Rasse noch nahezu 50 000 Individuen. Der Aufbau der Zucht nach dem 2. Weltkrieg war schwierig. Viele Bauern bevorzugten das rahmigere und milchergiebigere Fleckvieh. Die Population war in den 60er Jahren so klein geworden, dass Inzuchterscheinungen befürchtet werden mussten. Deshalb, und auch zur Förderung der Milchleistung, wurde ab 1967 behutsam Ayrshire und später auch Red Holstein eingekreuzt.

Verbreitung: Mittlerer und südlicher Schwarzwald.

Leistung: Zweinutzungsrind. Jahresmilchmenge bei 5500 kg mit 4,2 % Fett und 3,6 % Eiweiß. Lebensleistung mehrerer Kühe über 100 000 kg. Leichtkalbig. Tägliche Zunahmen der Mastbullen bei 1200 g. Anspruchslos und vital.

Nutzung: Hauptnutzung Milch, Fleisch.

Organisation: GEH

Stier 140 Kuh 132	Stier 900 Kuh 550–600	Waldviertel, A	*****

Waldviertler Blondvieh

Kennzeichen: Mittelgroß. Von nahezu weiß über semmelblond bis rotbraun. Das Flotzmaul ist fleischfarben. Klauen hell, Hörner wachsfarben.
Zuchtgeschichte: Ende des 18. Jahrhunderts aus bodenständigen Rindern durch Einkreuzung von anderen Gelbviehschlägen und hellen Steppenrindern entstanden. Im 19. Jahrhundert unterschied man noch mehrere örtlich von einander getrennte Schläge: Raabser, Gföhler-Zwettler (durch Einkreuzung von Gelben Frankenvieh aus Deutschland und Kärntner Blondvieh entstanden) sowie Stockerauer und Helmete. 1933 wurden diese Schläge unter dem jetzigen Namen zu einer Rasse zusammengefasst. Noch 1954 hatte das Waldviertler Blondvieh am Rinderbestand Österreichs einen Anteil von 7,5 %. Später wurde erneut Gelbes Frankenvieh sowie Glan-Donnersberger eingekreuzt. Dennoch ging die Zahl der Tiere ständig zurück. 1988 gab es nur noch 60, Ende des 20. Jahrhunderts nur noch 20 Waldviertler. Restbestände werden in einigen landwirtschaftlichen Betrieben sowie auf dem staatlichen „Edelhof" in Zwettl gehalten.
Verbreitung: Österreich.
Leistung: Fleischbetontes Zweinutzungsrind. Die durchschnittliche Milchleistung von 13 Kühen lag 2007 bei 3700 kg mit 4,0 % Fett und 3,4 % Eiweiß. Hervorragende Fleischqualität. Spätreif; geringe Kälbersterblichkeit. Harte Klauen. Robust und genügsam.
Nutzung: Hauptnutzung Fleisch, Milch.
Organisation: Arche Austria

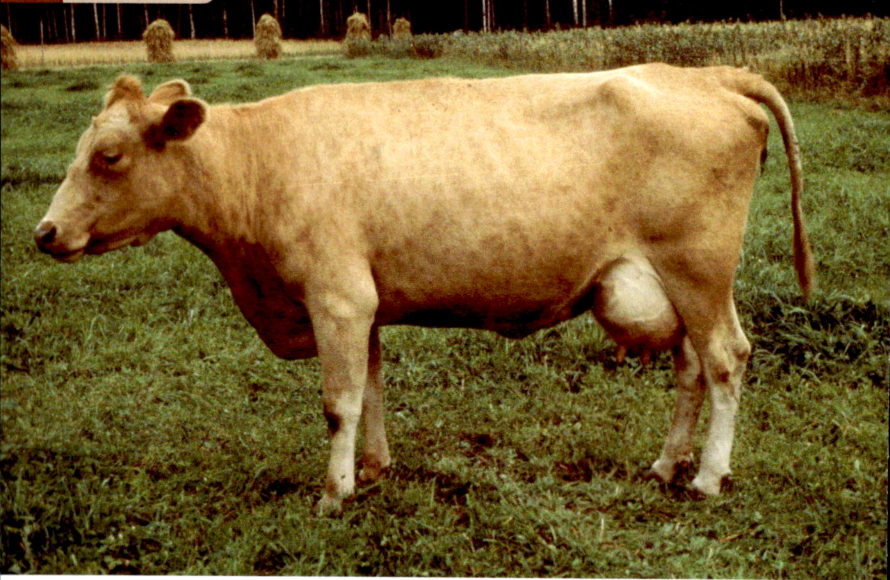

↕ Stier 135–140 Kuh 123	Stier 650–850 Kuh 470	Finnland	⚠ **

Westliches Finnenrind

West Finncattle (engl.), Länsi-Suomolainen Karja (finn.)

Kennzeichen: Mittelgroß. Einfarbig helles Rotbraun. Ursprünglich waren die meisten Tiere gehörnt. Da seit einigen Jahrzehnten auf hornlosigkeit selektiert wird, sind jetzt fast alle Bullen und der überwiegende Teil der Kühe genetisch hornlos.

Zuchtgeschichte: Die Vorfahren dieser Rinder sind möglicherweise mit den Wikingern ins Land gekommen. Es ist jedoch genau so gut denkbar, dass die finnischen Einwanderer sie aus ihrer ursprünglichen Heimat mitbrachten. 1904 wurde eine Zuchtgemeinschaft gegründet, gleichzeitig wurde ein Herdbuch geschaffen. 1926–27 waren in dieses Herdbuch etwas mehr als 12 000 Kühe und rund 3300 Bullen eingetragen. Wenig später, nämlich 1930, kam 60 % der Kuhmilch in West-Finnland von dieser Rasse. Nach dem 2. Weltkrieg wurde das Westliche Finnenrind weitgehend vom Ayrshire verdrängt; es standen jetzt nur noch 360 Kühe im Herdbuch. Außerhalb Finnlands wird in Karelien (Russland) eine Herde von mehreren hundert Kühen und einigen Bullen gehalten.

Verbreitung: Westfinnland.

Leistung: Milchbetontes Zweinutzungsrind. Die durchschnittliche Jahresmilchmenge liegt bei 5800 kg mit 4,5 % Fett und 3,4 % Eiweiß.

Nutzung: Hauptnutzung Milch, Fleisch.

Organisation: The Finnish Working Party on Animal Genetic Resources

Stier 140 *Kuh 130*	*Stier 900–1000* *Kuh 500–650*	*Mittelengland, GB*	**

White Park Cattle

Weißes Parkrind

Kennzeichen: Mittelgroß. Weiß, gelegentlich kleine Pigmentflecken (schwarz, selten rot) an den Rumpfseiten. Schwarz behaart sind Innenseite der Ohren, Augenlider, Zitzen und Umgebung des Flotzmauls. Sprenkelung der Beine über den Klauen. Flotzmaul dunkel. Gehörnt.
Zuchtgeschichte: In England gab es zumindest seit 1277 wildlebende Rinder, die vom Adel vom Pferd aus wie Wild gejagt wurden. Zwischen den verschiedenen Populationen kam es zu einem Austausch von Zuchttieren, gelegentlich wurden Hausrinder in die Herden einbezogen. Man selektierte auf weiße Tiere. Im Verlaufe der Zeit verloren alle diese Bestände (außer Chillingham) ihren Status als verwilderte Tiere; man fasste sie außerdem zu einer einzigen Rasse zusammen. 1918 wurde ein Herdbuch geschaffen. Erst 1946 gliederte man die hornlosen Bestände aus. In den 60er Jahren gab es nur noch vier gehörnte Herden. 1974 umfasste die Rasse 65 Zuchtkühe. Danach deutlicher Aufschwung. Schon 1985 wurden in 36 Beständen 780 Tiere gezählt. In Deutschland wird der mittlere Inzuchtkoeffizient mit 16% geschätzt. Dieser Wert liegt weit über jenem, die von anderen Nutztierrassen bekannt sind.
Verbreitung: Großbritannien, USA, Deutschland.
Leistung: Sie gelten als recht gute Fleischrinder. Die Rasse ist robust und gegen manche Erkrankung widerstandsfähiger als die meisten anderen Rassen. Gute Fruchtbarkeit. Hohe tägliche Zunahmen.
Nutzung: Hauptnutzung Landschaftspflege, Haut/Fell, untergeordnet Fleisch.
Organisation: RBST

Stier 140 Kuh 130	Stier 900 Kuh 600	Niederlande	***

Witrug

Witrik (westfriesisch), Aalstreep, Ruggelings, Ruggelde, Weißrücken

Kennzeichen: Die Grundfarbe ist schwarz (zwart-witrug) oder rot (rood-witrug). Vom Kopf über den Rücken bis zum Schwanz zieht sich ein weißer Streifen. Deshalb die Rassebezeichnung „Weißrücken". Die Unterseite des Rumpfes ist ebenfalls weiß. Kopf und Beine sind kleinfleckig weiß gezeichnet. Gehörnt.
Zuchtgeschichte: Die älteste Erwähnung von Tieren dieser Zeichnung stammt von 1344 aus dem niederländischen Kloster Marckerhoeft bei Monnikendamm. Zu jener Zeit gab es dort in einem größeren Bestand neun schwarze und zwei rote „Witrukken". In späteren Jahrhunderten werden derart gezeichnete Rinder als Einzeltiere immer wieder erwähnt, ohne dass es zur Bildung einer Rasse gekommen wäre. Seit 1950 gibt es ein Herdbuch. Damals gab es ungefähr 100 Rinder mit der typischen Zeichnung. Von da an stieg die Zahl der Tiere deutlich. Es wird vermutet, dass eine Beziehung zwischen der typischen Farbverteilung dieser Rasse und einer hohen Milchleistung besteht. Die typische Zeichnung dieser Rasse wird dominant vererbt. Die Zahl der Tiere soll circa 6000 betragen. Es gibt nur wenige reine Bestände.
Verbreitung: Über die gesamten Niederlande verteilt; mit gewissen Schwerpunkten.
Leistung: Milchbetontes Zweinutzungsrind. Hohe Milchleistung. Gute Euterform.
Nutzung: Hauptnutzung Milch, Fleisch.
Organisation: SZH

Bock 73–80 Mutter 65–70	Bock 60–75 Mutter 45–60	Alpen	*****

Alpines Steinschaf

Kennzeichen: Klein bis mittelgroß. Mischwollig. Es kommen alle Wollfarben und Farbzeichnungen vor, vor allem auch graue Wolle. Ohren leicht hängend. Langer, bewollter Schwanz. Böcke häufig, Muttern gelegentlich gehörnt.
Zuchtgeschichte: Entspricht den ursprünglichen Schafen der Ostalpen. Wurde durch andere Rassen weitgehend verdrängt. Mitte des 20. Jahrhunderts gab es rassetypische Tiere nur in inselartigen Vorkommen in Südostoberbayern, im Oberpinzgau, in den Arltälern, in Geißau sowie im Tennengebirge. 1985 wurden Restbestände bei Traunstein und Rosenheim sowie in Tirol entdeckt. 1991 Gründung des Herdbuchs. Im Jahr 2000 wurde von den österreichischen und bayerischen Züchtern für die Rasse eine einheitliche Rassebeschreibung und eine gleichlautende Rassebezeichnung festgelegt. Die Gesamtpopulation besteht aus ungefähr 20 Böcken und 230 Muttertieren. Trotz der Ähnlichkeit in der Namensgebung muss jeder Steinschaftyp als eigenständige Rassen angesehen werden. Der Erhalt der Rasse wird von der Bayerischen Regierung finanziell gefördert.
Verbreitung: Süddeutschland, Österreich.
Leistung: Vliesgewicht 3,5 kg (Böcke), 3,0 kg (Muttern). Ablammergebnis 170 bis 200 %. Robust und widerstandsfähig. Trittsicher; gut für raue Hochgebirgslagen geeignet. Frühreif, asaisonale Brunst. Beste Muttereigenschaften. Langlebig. Wolle gut für Filzprodukte geeignet.
Nutzung: Hauptnutzung Fleisch, Wolle/Haare.
Organisation: GEH, Arche Austria

Bock 55 Mutter 50	*Bock 55 Mutter 45*	*Wales, GB*	**

Badgerface

Torddu bzw. Torwen (gälisch), Badger Faced Welsh Mountain (engl.)

Kennzeichen: Kleinrahmig. Es gibt zwei Farbvarianten: Wolle weiß, grau oder hellbraun. Rumpfunterseite und Beine schwarz (Torddu) bzw. Wolle schwarz, Unterseite hell (Torwen). Bei Torddu heller Kopf; dunkler Streifen vom Ohr über das Auge bis zum Maul. Bei Torwen dunkler Kopf, deshalb Zeichnung kaum erkennbar. Stehohren. Böcke gelegentlich gehörnt; Mutterschafe hornlos.

Zuchtgeschichte: Die Rasse entstand im Norden und im mittleren Teil von Wales. Das „Dachsgesicht" ist eine Farbvariante des Welsh Mountain, einer bodenständigen walisischen Rasse. Die im Ursprungsgebiet Wales gebräuchlichen gälischen Namen bedeuten „schwarzbäuchig" (Torddu) bzw. „weißbäuchig" (Torwen). Nach Zuchtversuchen in den 20er Jahren des vergangenen Jahrhunderts wurden die dachsgesichtigen Schafe zu einer eigenen Rasse zusammengefasst. 1976 Gründung einer Züchtervereinigung. 1979 umfasste die Population ungefähr 600 Tiere; wenige Jahre später gab es schon 2000 Individuen. Badgerface steht der Rasse Welsh Mountain genetisch nahe.

Verbreitung: Großbritannien.

Leistung: Vliesgewicht 1,5 bis 2,0 kg. Stapellänge 7 bis 10 cm. Die Wolle wird zu hochwertigen Textilien verarbeitet. Vergleichsweise fruchtbar; es werden oft Zwillinge geboren. Robust und anspruchslos.

Nutzung: Hauptnutzung Fleisch, untergeordnet Wolle/Haare.

Organisation: RBST

Bock 65–70 Mutter 60–65	Bock 60–65 Mutter 30–50	Zentrum von Wales, GB	**

Balwen

Kennzeichen: Klein. Die meisten Tiere sind schwarz, es gibt aber auch dunkelbraune und dunkelgraue. Von der Nase geht ein breiter weißer Streifen bis zur Stirn; hinzu kommt ein weißer Fleck am Unterkiefer. Manchmal ist der Kopf überwiegend weiß. Im Allgemeinen sind alle vier Fesseln sowie die untere Schwanzhälfte ebenfalls weiß. Langer bewollter Schwanz. Böcke gehörnt, Muttern hornlos.

Zuchtgeschichte: Aus dem Welsh Mountain gingen vor längerer Zeit mehrere Farbvarianten hervor, die heute eigenständige Rassen darstellen. Balwen ist gälisch und bedeutet „weiße Blässe". Die Rasse kommt ursprünglich aus Wales, und zwar aus dem oberen Tywi-Tal. Es gibt sie schon seit mindestens 80 Jahren, möglicherweise aber auch schon seit 150 Jahren. Der strenge Winter von 1947 wurde der Rasse fast zum Verhängnis. Neben einigen weiblichen Tieren überlebte damals nur ein Bock. In den 50er und 60er Jahren des vergangenen Jahrhunderts stieg das Interesse an dieser Rasse stetig. In den 70er Jahren begann man sich auch außerhalb des Ursprungsgebiets für sie zu interessieren. 1985 wurde die Balwen-Welsh-Mountain-Gesellschaft gegründet.

Verbreitung: Großbritannien.

Leistung: Wolle mäßiger Qualität. Vliesgewicht 1,5 bis 2,0 kg. Saisonale Fortpflanzung. Leichte Geburten. Gute Muttereigenschaften. Vitale Lämmer. Robust und anspruchslos.

Nutzung: Hauptnutzung Fleisch, untergeordnet Wolle/Haare.

Organisation: RBST

Bock 75–81 Mutter 60–70	Bock 50–70 Mutter 35–45	Barbados	*

Barbados Black Belly

Barbados, Barb (engl.)

Kennzeichen: Klein. Haarschaf. Hell- bis rotbraun. Unterkiefer, Unterseite des Halses sowie des Rumpfes und Innenseite der Beine sind schwarz; innere Seite der Ohren sowie ein Streifen vor der Stirn zum Maulwinkel meist ebenfalls. Mittellanger Schwanz. Mittellange, waagerecht abstehende Ohren. Mutterschafe stets, Böcke meistens hornlos (in den USA allerdings in der Regel gehörnt).
Zuchtgeschichte: Sie kamen vor mehr als 300 Jahren von Westafrika nach Barbados. Weil die Rasse als Haarschafe gut an die tropischen Bedingungen angepasst waren, brachte man sie seit Beginn des 20. Jahrhunderts auf zahlreiche andere Inseln der Karibik. In den Niederlanden und Deutschland besteht ein Herdbuch. In den USA wurde Barbados Black Belly mit Rambouillet und Europäischen Mufflons gekreuzt. Man wollte ein parasitenresistentes, fleischiges Haarschaf haben. Das Ergebnis war allerdings eine neue Rasse, die heute „Barbado" genannt wird.
Verbreitung: Karibik. Tropische und subtropische Länder Amerikas. Zahlreiche europäische Länder.
Leistung: Gut an tropische Temperaturen und aride Verhältnisse angepasst. Tolerant gegenüber den meisten Endoparasiten. Frühreif. Asaisonal. Meist Zwillingsgeburten. Tägliche Zunahmen von 100 g. Die Tiere schlachten zu 53 % aus. Temperamentvoll und anspruchslos.
Nutzung: Hauptnutzung Fleisch, untergeordnet Landschaftspflege.
Organisation: ALBC

Bock 70 Mutter 60	Bock 65–75 Mutter 45–55	Karst im Süden Sloweniens	***

Bela Krajina Pramenka

Belokranjska pramenka (slow.)

Kennzeichen: Klein. Lange, zottelige Mischwolle. Die Wolle ist weiß. Umgebung der Augen oft schwarz (Brillen); außerdem Ohren teilweise schwarz und schwarze Flecken an den Beinen. Ohren seitlich abstehend. Sehr langer Schwanz. Böcke gehörnt, Muttertiere teilweise gehörnt.
Zuchtgeschichte: Gehört zu den autochthonen Schafrassen Sloweniens. Das Verbreitungsgebiet liegt im Karst und der Bela-Krajina-Region. Seit 1996 besteht ein Herdbuch. Die Population ist auf weniger als 1000 Schafe geschrumpft. Reinrassige Tiere finden sich noch in der Umgebung von Adlesici, Marindol und Zunici; meist im Nebenerwerb oder als Hobby gehalten. Seit 1997 besteht ein Erhaltungsprogramm. Seitdem steigt der Bestand langsam wieder an. Staatliche Förderung von 18 € pro Tier und Jahr.

Verbreitung: Im Süden von Slowenien beiderseits des Flusses Kolpa.
Leistung: Wolle geringer Qualität. Das Vliesgewichtbeträgt 2,5 kg bei Böcken bzw. 2,0 kg bei Muttertieren. Ablammergebnis 120 %. An dürftige Haltungsbedingungen angepasst.
Nutzung: Hauptnutzung Fleisch, Wolle/Haare.
Organisation: SAVE

Bock 70–75 *Mutter 65–70*	*Bock 80–85* *Mutter 55–65*	*Emsland, D*	****

Bentheimer Landschaf

Bentheim (engl.)

Kennzeichen: Großrahmig und langbeinig. Schlichtwollig. Wolle weiß, behaarter Teil der Beine weiß. Schwarze oder braune Sprenkelung um die Augen und an den Ohren. Der Schwanz ist bewollt. Stehohren. Hornlos.

Zuchtgeschichte: 1868 wird von MAY das „gewöhnliche deutsche Schaf" beschrieben. Dieses könnte seinem Aussehen nach die Grundlage für das heutige Bentheimer Landschaf gebildet haben. Erst Anfang des vergangenen Jahrhunderts erscheint der heute gebräuchliche Name. Diese Rasse ist offenbar aus bodenständigen Schafen durch Einkreuzung verschiedener norddeutscher und niederländischer Rassen entstanden. Seine züchterische Bearbeitung begann 1934. Ende der 30er Jahre beschränkte sich das „Bentheimer Schaf", so hieß es damals, auf das Emsland. Der Rückgang setzte in der Nachkriegszeit ein. 1970 gab es nur noch sechs Herdbuchzüchter, Anfang der 80er Jahre stand lediglich eine einzige Herde in Hütehaltung. In der Folgezeit ist eine leichte Aufwärtstendenz erkennbar. Einzelne Herdbuchbetriebe befinden sich außerhalb Niedersachsens.

Verbreitung: Norddeutschland, Niederlande.

Leistung: Jährliche Wollmenge 4 bis 5 kg (Böcke) bzw. 3 bis 4 kg (Muttern). Frühreif. Ablammergebnis 150 %. Ausgezeichnete Säugeleistung. Gute Muttereigenschaften. Anspruchslos; marschfähig. Wildartiger Geschmack des Fleisches.

Nutzung: Hauptnutzung Fleisch, Wolle/Haare, Landschaftspflege.

Organisation: GEH

Größe	Gewicht	Herkunft	Gefährdung
Bock 81 *Mutter 77*	*Bock 120–140* *Mutter 80–100*	*Schottland*	**

Border Leicester

Kennzeichen: Großrahmig. Weiß. Langer Rumpf. Hochgetragener Kopf. Extrem ramsnasig. Kurze Stehohren. Tiefer Rumpf. Relativ kurzbeinig. Hornlos.

Zuchtgeschichte: Im 18. Jahrhundert im Süden von Schottland aus bodenständigen Schafen durch Einkreuzung des alten Typs von Teeswater (ausgestorben) entstanden. Gründer waren die Gebrüder Culley von der Grafschaft Durham, die mit Robert Bakewell in Kontakt standen. Sie bauten durch Kreuzung von Old Teeswater, einer Langwollrasse, mit New Leicester einen viel beachteten Bestand auf. 1869 Anerkennung als Rasse. Ein Herdbuch wurde 1898 gegründet. Schon 1871 exportierte man Tiere nach Australien. In Wales seit 1907. Sie ist eine von drei deutlich unterscheidbaren Leicester-Rassen. In Deutschland spielte Border Leicester Anfang des 20. Jahrhunderts vorübergehend eine gewisse Rolle. Der Schwerpunkt der Zucht liegt jetzt im Grenzbereich von England und Schottland.

Verbreitung: Großbritannien, Australien, Neuseeland und viele Länder auf dem europäischen Kontinent sowie Afrika und Asien.

Leistung: Wird zu den Langwollrassen gezählt. Stapellänge 18 bis 20 cm. Jahreswollmenge 4 bis 6 kg (Muttern) bzw. 6 bis 8 kg (Böcke). Gute Fleischrasse. Wird in Australien vor allem zur Kreuzung mit Merino genutzt. Ablammergebnis 200 %; häufig Drillinge.

Nutzung: Hauptnutzung Fleisch, Wolle/Haare.

Organisation: The Society of Border Leicester Sheep Breeders

Bock 65
Mutter 55–60

Bock 45–70
Mutter 35–66

Julische Alpen,
Soč-Tal, SLO

****

Bovška Ovca

Trentarka (slow.)

Kennzeichen: Mittelgroß. Mischwollig. 70 % der Tiere sind weiß, 30 % braun oder schwarz. Die Stirn ist teilweise, der Bauch meist nicht bewollt. Kurze, waagerecht abstehende Ohren. Schwanz lang und bewollt. Beide Geschlechter hornlos.
Zuchtgeschichte: In den slowenischen Alpen aus dem Zaupelschaf entstanden. Die Rasse erhielt ihren Namen nach der Stadt Bovec. Die Einkreuzung von Ostfriesischen Milchschafen gefährdet die reinrassigen Bestände. Üblicherweise werden kleine Herden von 5 bis 15 Tieren gehalten; nur vereinzelt kommen Bestände von mehr als 100 Schafen vor. Seit 1994 besteht ein Erhaltungsprogramm. Von der EU wird die Haltung mit 18 € pro Tier und Jahr unterstützt. Im Herdbuch befinden sich ungefähr 5000 Tiere.
Verbreitung: Slowenische Alpen in der Umgebung des Berges Triglav. Seit Anfang der 80er Jahre Zuchtgruppen unter dem Namen „Krainer Steinschaf" in Österreich und Deutschland.
Leistung: Vliesgewicht 2,0 kg (Böcke) bzw. 1,5 kg (Muttern); die Tiere werden jährlich zweimal geschoren. Asaisonal. Das Erstlammalter beträgt 15 bis 17 Monate. Ablammergebnis 140 %. Tägliche Zunahmen der Lämmer 200 g. Die Muttertiere werden gemolken. Die Jahresmilchleistung liegt bei 250 kg mit 6,3 % Fett und 4,9 % Eiweiß. Die Milch dient zumeist der Herstellung von Bovec-Käse. Anspruchslos, robust.
Nutzung: Hauptnutzung Milch, Fleisch, Wolle/Haare.
Organisation: SAVE

Bock 70–75 Mutter 65–70	Bock 80–115 Mutter 65–80	Oberbayerisches Voralpenland, D	****

Braunes Bergschaf

Brown Mountain (engl.)

Kennzeichen: Mittelgroß. Schlichtwollig. Ganzfarbig braun; ältere Wolle bleicht aus und ist deshalb cognacfarben. Kopf ramsnasig. Lange, breite Hängeohren. Kräftige Beine. Hornlos.
Zuchtgeschichte: Stammt vom weißen Bergschaf ab, bei dem vereinzelt braune Individuen auftreten. Anlass für die Zucht dieser Rasse war, dass der Wittelsbacher Herzog Ludwig Wilhelm vor dem Zweiten Weltkrieg von seinen Jägern forderte, dass sie ihre Dienstkleidung aus brauner Wolle fertigen ließen. Er führte geeignete Schafe aus Tirol ein, und hielt auf seinem Gut Kaltenbrunn am Tegernsee/Oberbayern eine Herde von ungefähr hundert braunen Tieren. Im Herbst 1977 lief die vorherdbuchmäßige Bearbeitung an; schon 1979 gab es 13 Herdbuchbetriebe. Schwerpunkt der Zucht lag zunächst südlich des Tegernsees. Jetzt gibt es Herdbuchbetriebe über etliche Bundesländer verteilt. Vereinzelt Zukauf rassetypischer Tiere in Österreich und Südtirol (Villnösser). Die Rasse ist in Bayern förderfähig.
Verbreitung: Süddeutschland; vereinzelt in den nördlichen Bundesländern.
Leistung: Frühreif. Hervorragende Fruchtbarkeit. Asaisonal. Die Schlachtausbeute liegt bei 47 bis 50 %. Der Wollertrag bei zweimaliger Schur im Jahr 4 bis 5 kg. Steig- und trittsicher, deshalb gut geeignet für die Haltung im Hochgebirge. Unempfindlich gegen Niederschläge. Robust.
Nutzung: Hauptnutzung Fleisch, Wolle/Haare, untergeordnet Landschaftspflege.
Organisation: GEH

Größe	Gewicht	Herkunft	Gefährdung
Bock 80–85 Mutter 70–75	Bock 70 Mutter 60	Region Brigne, franz. Alpen	* * * *

Brigasca

Brigasque (franz.)

Kennzeichen: Mittelgroß. Mischwollig. Wolle weiß bis cremefarbig. An Kopf und Beinen rotbraune Flecken. Rumpfunterseite nicht bewollt. Kopf leicht geramst. Ohren halblang und leicht hängend. Beide Geschlechter meist gehörnt; es kommen ungefähr 20 % hornlose Individuen vor.

Zuchtgeschichte: Die Rasse entstand aus bodenständigen Schafen im französischen Roya-Tal nahe der italienischen Grenze. Vermutlich waren an der Entstehung die italienischen Milchschafrassen Frabosana und Della Langhe beteiligt. Vor dem Zweiten Weltkrieg gab es in Frankreich mehrere 1000 Tiere. Noch für 1950 wird die Zahl der weiblichen Zuchttiere mit 2500 angegeben. Dann trat allerdings ein rasanter Rückgang ein. In Frankreich gab es 2001 nur noch 532 Mutterschafe. Gegenwärtig soll es dort noch vier Herden geben. In Italien sieht die Situation etwas besser aus: 1983 gab es dort 2500 Zuchttiere. Ihre Zahl war 2004 allerdings auf 1500 geschrumpft. Dort besteht ein Herdbuch.

Verbreitung: Seealpen. Im Grenzgebiet von Frankreich und Italien.

Leistung: Saisonale Fortpflanzung. Erstlammalter 14 Monate. In Frankreich wird vor allem Frischkäse gefertigt, in Italien werden aus der Milch dieser Rasse die Käsesorten Sora, Toma und Brus hergestellt. Robust und widerstandsfähig. Sehr anhänglich.

Nutzung: Hauptnutzung Milch, Fleisch, untergeordnet Wolle/Haare.

Organisation: ConSDABI

Bock 77 Mutter 70	Bock 50–55 Mutter 35–40	Schottland	*****

Castlemilk Moorit

Kennzeichen: Kleinrahmig. Langbeinig. Bewollte und behaarte Körperteile hellbraun (Moorit = moorrot) in Verbindung mit den typischen Mufflon-Abzeichen: aufgehellter Bereich um die Augen, an Unterkiefer sowie an der Innenseite der Unterbeine. Bauch behaart. Im Allgemeinen kurzschwänzig. Böcke besitzen Schnecken, Mutterschafe weit gespreizte, nach hinten gerichtete Sicheln.
Zuchtgeschichte: Bodenständige Rasse, die Anfang des 19. Jahrhunderts aus Shetlandschafen, Manx Loghtan und dem Mufflon entstand. Wurde ausschließlich auf dem Gut Castlemilk im Südwesten von Schottland gehalten. Die Tiere pflegten dort den Park und lieferten Wolle für die Kleidung der Landarbeiter. Der Bestand wurde 1970 aufgelöst. Ein Bock und zehn Mutterschafe kamen in den Cotswold Farm Park, die anderen Tiere wurden geschlachtet. Gilt als die am meisten gefährdete Schafrasse des Vereinigten Königreichs. 1998 kam eine Zuchtgruppe nach Norderstedt nördlich von Hamburg. Die Herde umfasst dort jetzt ungefähr 30 Tiere.
Verbreitung: Großbritannien, Norddeutschland.
Leistung: Jahreswollmenge ungefähr 1 kg. Stapellänge 5 bis 7 cm. Robust und anspruchslos. Temperamentvoll, doch bei ruhigem Umgang zutraulich. Ablammrate 150 %. Leichte Geburten. Gute Muttereigenschaften. Frohwüchsige Lämmer.
Nutzung: Hauptnutzung Hobby, untergeordnet Fleisch, Wolle/Haare.
Organisation: RBST, MAFF

Größe	Gewicht	Herkunft	Gefährdung
Bock 60–65 Mutter 55–60	Bock 60–70 Mutter 50–60	Türkei	**

Cigaja

Tsigai, Zygaya (ung., slowak.), Tigaya (rumän.)

Kennzeichen: Mittelgroß. Crossbred-Wolle. Es gibt zwei Farbvarianten: schwarz und weiß. Das Vlies der weißen Form kann durch schwarze Haare grau erscheinen. Die ältere Wolle der schwarzen Tiere wird durch Sonneneinwirkung rötlich. Behaarte Körperteile (Kopf und Beine) sind bei allen Tieren schwarz oder bräunlich. Mittellange, geneigte Ohren. Die Böcke besitzen z. T. Hörner, weibliche Tiere sind stets hornlos.
Zuchtgeschichte: Die Rasse stammt aus Kleinasien. Sie wurde im 13. Jahrhundert von rumänischen Schäfern in die Karpaten gebracht. In Ungarn gibt es nur wenige Bestände. Ihre Haltung wird vom ungarischen Staat unterstützt. Seit 1974 gibt es ein Herdbuch. In Rumänien ist die Rasse nicht gefährdet.

Verbreitung: Rumänien, Ungarn, Slowakei.
Leistung: Hohe Milchleistung. Anspruchslos. Unempfindlich gegen klimatische Extremwerte.
Nutzung: Hauptnutzung Milch, Fleisch, untergeordnet Wolle/Haare.
Organisation: SAVE

Bock 55 Mutter 47	Bock 60 Mutter 45	Württemberg, D	****

Cikta

Zykta (ung.)

Kennzeichen: Klein. Mischwollig. Wolle und behaarte Körperteile weiß. Langer, bewollter Schwanz. Kurze, waagerecht abstehende Ohren. In beiden Geschlechtern gibt es sowohl gehörnte als auch hornlose Tiere.

Zuchtgeschichte: Auswanderer aus der württembergischen Grafschaft Limpurg brachten Anfang des 18. Jahrhunderts Zaupelschafe mit nach Ungarn. Die deutsche Enklave bewahrte ihre kulturelle Eigenständigkeit und hielt ihre Schafe getrennt von denen der Ungarn in ihrem Umfeld. Aus den ursprünglichen Tieren entwickelten sich im Verlauf der Zeit die Cikta-Schafe (Dialektwort der Donauschwaben). Hauptnutzung der Schafe war die Wolle, die gut zum Handspinnen geeignet ist. Da die deutschsprachige Bevölkerung kaum Schaffleisch aß, wurden Schlachttiere meist an die ungarischen Nachbarn verkauft. Restbestände der Cikta, die in bäuerlichen Betrieben heute fast völlig verschwunden sind, wurden Anfang der 60er Jahre des vergangenen Jahrhunderts aufgekauft. Sie dienten dem Aufbau einer Stammherde. In Ungarn sind noch ungefähr 300 Tiere dieser Rasse vorhanden. Ein Herdbuch gibt es seit 1974.

Verbreitung: Ungarn. Kleinere Bestände in Süddeutschland.

Leistung: Vliesgewicht 1,5 bis 2,0 kg. Die Wolle ist gut zum Spinnen geeignet. Frühreif, asaisonal. Ablammrate 130 %. Genügsam und robust.

Nutzung: Hauptnutzung Fleisch, untergeordnet Wolle/Haare.

Organisation: SAVE

Bock 75–80
Mutter 60–70

Bock 80–100
Mutter 60–75

Oberfranken

*

Coburger Fuchsschaf

Coburg (engl.)

Kennzeichen: Mittelgroß bis groß. Rötliche Wolle („Goldenes Vlies"). Behaarte Körperteile (Kopf und Beine) fuchsrot. Schlichtwollig. Der Bauch sollte bewollt sein. Kopf bis hinter die Ohren behaart. Mittellange, leicht hängende Ohren. Bewollter Schwanz. Die Lämmer werden dunkelrot geboren. Hornlos.

Zuchtgeschichte: Der Tuchmacher Otto Stritzel baute in den 30er Jahren des vergangenen Jahrhunderts bei Coburg in Oberfranken den ersten Bestand auf. Dafür holte er auch aus dem Ausland geeignete Tiere. Seit 1966 ist das Coburger Fuchsschaf durch die Deutsche Landwirtschaftsgesellschaft als Rasse anerkannt. 1989 kam es zur Gründung der „Arbeitsgemeinschaft der Deutschen Fuchsschafzüchter". Allerdings war man sich im Zuchtziel nicht ganz einig. Während ein Teil der Züchter das kleine Landschaf bevorzugte, wollten andere – insbesondere Schäfer, die von ihren Tieren lebten – ein rahmigeres Fleischschaf. Die Differenzen führten zu einer gewissen Parallelentwicklung. Der Erhalt der Rasse wird von der Bayerischen Regierung finanziell gefördert.

Verbreitung: Deutschland; Schwerpunkt Bayern.

Leistung: Die jährliche Wollmenge beträgt 4 bis 5 kg (Böcke) bzw. 3 bis 4 kg (Muttern). Sie eignet sich sehr gut zum Spinnen, Weben und Filzen. Erstzulassung mit 12 bis 18 Monaten. Saisonale Brunst. Ablammergebnis 180 %. Tägliche Zunahmen der Lämmer ca. 250 g. Robust und anspruchslos.

Nutzung: Hauptnutzung Fleisch, Wolle/Haare.

Organisation: GEH

Bock 80–85
Mutter 70–75

Bock 70–80
Mutter 60–70

Italienische Alpen

*

Frabosana

Rastela, Roaschina, Roaseia, Roascia (ital.)

Kennzeichen: Mittelgroß. Mischwollig. Gelbliche Wolle; an Kopf und Beinen braune Flecken. Gelegentlich braune Tiere. Ramsnase. Mittellange, leicht hängende Ohren. Beide Geschlechter gehörnt.

Zuchtgeschichte: Bodenständige Rasse aus dem Piemont/Nordostitalien. Ursprünglich unterschied man den Frabosana-Schlag und den etwas größeren Roaschina-Schlag. Schon seit längerer Zeit wird dieser Unterschied nicht mehr gemacht. Die Rasse ist hauptsächlich in den Alpentälern der Provinzen Turin und Cuneo verbreitet; außerdem kommt sie weiter südlich in den Seealpen sowie in der Nähe von Alessandrino vor. Zuchtziel ist, Milchleistung und Fruchtbarkeit zu steigern. Nach Möglichkeit sollen regelmäßig Zwillinge geboren werden. Es besteht ein Herdbuch. Die EU fördert die Haltung dieser Rasse finanziell.

Verbreitung: Nordwest-Italien.

Leistung: Frabosana ist eine Dreinutzungsrasse: Milch, Wolle, Fleisch. Die Milchmenge in einer Laktationsperiode beträgt ungefähr 200 kg. Die Muttertiere sind frühreif. Saisonale Ablammung. Das Ablammergebnis beträgt 110 bis 130 %. Die Lämmer sind frohwüchsig. Die Milch wird zum Teil zu Käse verarbeitet. Als regionales Produkt wird der Käse „Sola" erzeugt. Gut angepasst an das Leben im Hochgebirge.

Nutzung: Hauptnutzung Fleisch, Milch, Wolle/Haare.

Organisation: ConSDABI

Bock 50–55 Mutter 45–50	Bock 43 Mutter 32	Westliches Norwegen	**

Gammel Norsk Spel

Utegangarsau (norw.), Gammel Norsk Spälsau (norw.), Old Spael Sheep (engl.)

Kennzeichen: Klein. Mischwollig. Die Wollfarbe ist weiß, grau, dunkelbraun oder schwarz. Kopf sowie Beine sind unterschiedlich pigmentiert. Es kommen „dachsgesichtige" Tiere vor und solche mit breiter Blässe. Kurzer, behaarter Schwanz. Alle Böcke sind gehörnt, die Muttern sind gewöhnlich hornlos.

Zuchtgeschichte: Sehr ursprüngliche Rasse, die es in dieser Form vermutlich schon seit vielen Jahrhunderten gibt. Es wird angenommen, dass von solchen Tieren die Schafe auf Island und den Faröern abstammen. Gehört zur Gruppe der nordischen Heideschafe. 1955 war Gammelnorsk fast ausgestorben, doch dann erholten sich die Bestände deutlich. Eine rassespezifische Zuchtvereinigung ist vorhanden.

Verbreitung: Norwegische Westküste in der Region von Bergen sowie auf den Inseln vor Trondheim.

Leistung: Die Wolle lässt sich gut zu Strickwaren verarbeiten. Wenn die Tiere nicht geschoren werden, wird die Wolle Anfang Juli abgestoßen. Durch eine extensive Haltung ist Gammelnorsk gut an das raue Klima angepasst. Robust und anspruchslos. Im Verhalten ähnelt es Wildtieren. Hervorragende Fleischqualität; im Geschmack wie Wild oder Ren.

Nutzung: Hauptnutzung Fleisch, untergeordnet Wolle/Haare.

Organisation: AUN

↕ Bock 70–80 Mutter 65–70	Bock 70–100 Mutter 45–60	Gotland, S	⚠ *

Gotlandschaf

Gutefår (schwed.)

Kennzeichen: Mittelgroß. Mischwollig. Silber- bis mittelgrau. Gelegentlich weiß, schwarz oder braun. Kopf und Beine hellgrau bis schwarz; manchmal mit Blässe. Augen meist hell umrandet. Altböcke mit Mähne. Kurzer, behaarter Schwanz. Kurze Stehohren. Beide Geschlechter gehörnt.

Zuchtgeschichte: Auf der schwedischen Insel Gotland in der vorliegenden Form seit undenklichen Zeiten gehalten. 1940 soll es nur noch wenig mehr als ein Dutzend dieser Tiere gegeben haben. Seitdem hat sich der Bestand deutlich erholt. Schon seit den 20er Jahren des vergangenen Jahrhunderts wird das hornlose Gotländische Pelzschaf (Pålosfår) gezüchtet. Es ging aus dem Gotlandschaf hervor und gilt jetzt als eigenständige Rasse. 1974 wurde der Name „Gutefår" eingeführt; eine Anspielung sowohl auf die Qualität der Tiere (gut) als auch auf ihre Herkunft (Gotland). 1977 wurde eine Interessengemeinschaft für das Gotlandschaf gegründet. Nach Deutschland (DDR) kam diese Rasse schon in den 50er Jahren des vergangenen Jahrhunderts.

Verbreitung: Schweden, Mitteleuropa, Großbritannien, Neuseeland.

Leistung: Vliesgewicht 3 bis 4 kg. Wolle gut zur Filzherstellung geeignet. Saisonale Fortpflanzung. In der Regel werden Einlinge geboren. Ausgeprägtes Schutzverhalten der Mutter. In Deutschland vorwiegend in der Landschaftspflege eingesetzt.

Nutzung: Hauptnutzung Fleisch, Wolle/Haare, Haut/Fell, Landschaftspflege.

Organisation: Gutefåret, British Gotland Sheep Association

Bock 55 Mutter 50	Bock 50–55 Mutter 38–40	Äußere Hebriden, GB	****

Hebridean

St.-Kilda-Schaf

Kennzeichen: Klein. Schwarz oder dunkelbraun ohne weiße Abzeichen; bei älteren Tieren mit silbergrauem Anflug. Lämmer dunkelbraun. Mittellanger Schwanz. Beide Geschlechter besitzen üblicherweise vier Hörner; gelegentlich kommen hornlose Tiere und solche mit sechs Hörnern vor.
Zuchtgeschichte: Die Rasse geht möglicherweise auf Schafe der Wikinger zurück. Sie ist auf den Hebriden, einer Inselgruppe im Westen von Schottland, beheimatet. Früher gab es Hebrideans auch auf dem schottischen Festland, aber sie wurden dort durch Scottish Blackface verdrängt. Die Rasse unterlag weitgehend der natürlichen Selektion. Vermutlich wurde im Laufe der Zeit auch Scottish Blackface eingekreuzt. Sie ist zumindest als vierhörniges Schaf schon seit dem 19. Jahrhundert bekannt. Seit einiger Zeit gibt es Hebridean auch in anderen Teilen Großbritanniens, weil sie zur Landschaftspflege besser als die Lowland-Rassen geeignet sind. Ein Herdbuch gibt es seit 1973. Hebridean zählt zu den Nordischen Heideschafen.
Verbreitung: Schottland.
Leistung: Relativ kurze Wolle. Jahreswollmenge ungefähr 1,5 kg. Die Ablammrate ist von den Haltungsbedingungen abhängig: bei guten Bedingungen 175 %, bei ungünstigen 120 %. Leichte Geburten. Ausgeprägter Mutterinstinkt. Bewegungsfreudig; langlebig. Krankheitsresistent.
Nutzung: Hauptnutzung Hobby, Fleisch, Landschaftspflege.
Organisation: RBST, MAFF

Bock 75
Mutter 70

Bock 75–90
Mutter 60–65

nordwestliches
England, GB

***

Herdwick

Kennzeichen: Mittelgroß. Mischwollig. Wolle von hell- bis dunkel- und blaugrau. Beine weiß. Die Lämmer werden schwarz geboren. Ramsnase. Stehohren. Langer buschiger Schwanz, stämmige Beine. Böcke können Hörner tragen, die weiblichen Tiere sind hornlos.
Zuchtgeschichte: Der Name Herdwick stammt aus dem Alt-Nordischen: herd = Herde. Vyck wird als Weide gedeutet, heißt aber auch „breite, flache Bucht". Siehe „Reykjavik" = Rauchbucht. Es erscheint denkbar, dass der Name die Herkunft der Rasse beschreibt. Jedenfalls wurde er nachweislich schon im 12. Jahrhundert erwähnt. Vermutlich geht die Rasse auf Schafe der Wikinger zurück. Sie sind im Lake District beheimatet, der niederschlagreichsten Gegend Englands. Namentlich erwähnt werden sie erstmals 1807. Sie war schon damals hornlos mit einigen schwarzen Flecken im Gesicht und an den Beinen. Schon 1844 wurde eine Zuchtgenossenschaft gegründet, und ab 1855 nahmen Tiere dieser Rasse an der Royal Show von Carlisle teil. 1899 wurde eine Zuchtgemeinschaft gegründet. 1916 erfolgte die Anerkennung als Rasse.
Verbreitung: Nordwestengland.
Leistung: Die Jahreswollleistung beträgt 1,5 bis 2,5 kg. Die Wolle ist sehr grob und wird fast ausschließlich für Teppiche verwendet. Wohlschmeckendes Fleisch. Robust und anspruchslos. Vitale Lämmer. Standorttreu. Ruhiges Temperament.
Nutzung: Hauptnutzung Fleisch, untergeordnet Wolle/Haare, Landschaftspflege.
Organisation: Herdwick Sheep Breed Society

Bock 80–85 Mutter 70–75	Bock 80–90 Mutter 55–60	Flandern	*****

Houtlandschaf

Houtlandschaap (fläm.), Ardennais tacheté (franz.)

Kennzeichen: Mittelgroß. Mischwollig. Die Wolle ist weiß bis beige. Kopf und Beine sind gescheckt: rostbraune Flecken auf hellbraunem Grund. Schmaler Kopf mit deutlich geramstem Nasenrücken. Die Wolle hört hinter den Ohren auf; die Ohren werden waagerecht getragen. Ausgewachsene Böcke haben eine Mähne am Unterhals. Bauch gewöhnlich nicht bewollt. Klauen dunkel mit hellen Streifen. Im Allgemeinen hornlos.
Zuchtgeschichte: Geht auf das Ardenner-Schaf zurück, das Anfang des 20. Jahrhunderts durch Einkreuzung von flämischen Böcken verbessert werden sollte. Dadurch wurde aus dem ursprünglich roten Ardenner-Schaf eine gefleckte Variante. Mitte des vergangenen Jahrhunderts breitete die Rasse sich in Ostflandern und im Hainaut aus. Es gibt nur noch wenige hundert Tiere.
Verbreitung: Belgien, Niederlande.
Leistung: Frühreif. Sehr fruchtbar; bei 70 % aller Geburten gibt es Zwillinge; gelegentlich kommen Drillinge vor. Gewöhnlich drei Geburten in zwei Jahren. Wenig Geburtsprobleme. Gute Fleischqualität. Sehr anpassungsfähig. Kommt gut mit mageren Böden zurecht; bleibt dann allerdings im Wachstum etwas zurück. Kann aber auch auf nassen Weiden gut gehalten werden. Schlichtwollig. Stapellänge 20 cm. Schurgewicht 3 bis 4 kg (Böcke) bzw. 2 bis 3 kg (Muttern).
Nutzung: Hauptnutzung Fleisch, Wolle/Haare.
Organisation: V. B. Z. H.

Bock 75–80 Mutter 65–70	Bock 80–90 Mutter 60–75	Istrien, SLO, HR	*****

Istrska Pramenka

Istarska Orca (kroat.), Istrijanka (slow.), Istrian Pramenka (engl.)

Kennzeichen: Mittel- bis großrahmiges Schaf. Mischwollig. Wolle meist weiß, aber auch schwarz. Kopf, Hals, Unterseite des Rumpfes und Beine sind behaart. Schwarze Sprenkelung an Kopf und Beinen. Schmaler, geramster Kopf. Kurze, waagerecht abstehende Ohren. Langbeinig. Schwanz lang und bewollt. Böcke und Mutterschafe sind meist gehörnt.

Zuchtgeschichte: In Istrien als autochthone Rasse entstanden, sowohl im slowenischen als auch im kroatischen Teil. Es besteht ein Herdbuch. Innerhalb des Verbreitungsgebiets variiert das Aussehen. Die Rasse ist stark bedroht. 1994 wurde in beiden Ländern ein Erhaltungsprogramm begonnen. Die gefährdete Rasse wird mit 18 € pro Tier und Jahr staatlich gefördert.

Verbreitung: Istrien, sowohl im slowenischen als auch im kroatischen Teil. Zudem im Karst in Südwestslowenien.

Leistung: Anspruchslos und zäh; gut für die Wanderschafhaltung geeignet. Saisonale Fortpflanzung. Erstlammalter 17 bis 20 Monate. Ablammergebnis 130 %. Die Rasse hat vor allem als Milchschaf in Nebenerwerbsbetrieben Bedeutung. Die Jahresmilchleistung liegt bei ungefähr 160 kg mit 6,2 % (gelegentlich mehr als 8 %) Fett und 5,2 % Eiweiß. Anspruchslos. Sehr marschfähig.

Nutzung: Hauptnutzung Milch, Fleisch, Wolle/Haare.

Organisation: SAVE

Bock 70–75
Mutter 60–65

Bock 55–85
Mutter 35–60

Parks in England

*

Jacobschaf

Vierhornschaf

Kennzeichen: Mittelgroß. Mischwollig. Schwarzweiß oder dunkelbraun-weiß gescheckt. Der Kopf ist im Allgemeinen dunkel mit einer breiten Blässe. Langschwanzig. Beide Geschlechter gehörnt. Die Hornzahl variiert zwischen zwei und sechs.
Zuchtgeschichte: Das Jakobschaf hat seinen Namen nach einer Stelle im Alten Testament. Im 1 Buch Mose fordert Jakob als Lohn von Laban alle gefleckten und bunten Schafe aus dessen Herde. Die Scheckung ist also bei Schafen eine sehr alte Erscheinung. Der Ursprung dieser Rasse liegt im Dunkeln. Es gibt derartige Schafe zumindest schon seit dem 16. Jahrhundert. Jacobschafe werden schon seit langer Zeit in den Parks des englischen Adels gehalten. In den letzten Jahrzehnten deutliche Vermehrung der Bestände. 1969 wurde die „Jacob Sheep Society" gegründet. In Deutschland gibt es gegenwärtig 20 Herdbuchbetriebe.
Verbreitung: Großbritannien. Zahlreiche Länder auf dem europäischen Kontinent sowie Nordamerika.
Leistung: Crossbred-Wolle. Vliesgewicht 2 bis 3 kg. Stapellänge 8 bis 17 cm. Wolle gut zum Spinnen geeignet. Erstzulassung mit 7 bis 9 Monaten möglich. Ablammrate 190 %. Leichte Geburten. Gute Muttereigenschaften. Wüchsige Lämmer. Das Fleisch ist zart; die Tiere neigen nicht zum Verfetten. Widerstandsfähig. Gut zur Landschaftspflege geeignet.
Nutzung: Hauptnutzung Fleisch, Wolle/Haare, Landschaftspflege.
Organisation: Jacob Sheep Society

Bock 65–70 Mutter 60–65	*Bock 80–90 Mutter 55–65*	*Slowenische Alpen*	****

Jezersko-Solčavska

Jezersko-Solcava (engl.)

Kennzeichen: Mittelgroß. Mischwollig. Bewollte und behaarte Körperteile weiß, doch kommen auch braune Tiere vor. Häufig dunkle „Brillen" um die Augen; Pigmentierung oft auch an den Ohren. Der Schwanz ist lang und bewollt. Kopf geramst. Beide Geschlechter hornlos.
Zuchtgeschichte: Die Rasse entstand im 19. Jahrhundert in Slowenien aus dem bodenständigen Zaupelschaf durch Kreuzung mit Bergamasker- und Paduanerschafen. Ab 1962 Einkreuzung anderer Rassen (z. B. Merino und Romanov), dennoch Rückgang der Bestände. In Slowenien spricht man jetzt vom „Oplemenjena jezersko solčavska (= verbessertes Jezersko-Solčavska); doch gibt es auch noch Schafe des ursprünglichen Typs. Im Ursprungsgebiet wird eine Genreserve von 800 Tieren gehalten. In Slowenien gibt es seit 1994 ein Erhaltungsprogramm. Ein Herdbuch besteht seit 1983. Seit 1997 enge Zusammenarbeit mit Brillenschafzüchtern in Österreich.
Verbreitung: Slowenien, hauptsächlich an der Grenze zu Kärnten.
Leistung: Vliesgewicht 2,5 bis 3,0 kg (Böcke) bzw. 2,0 bis 2,5 kg (Muttern). Die Tiere werden zweimal jährlich geschoren. Asaisonal. Erstlammalter mit 13 bis 17 Monaten. Drei Geburten in zwei Jahren möglich. Ablammergebnis 180 %. Tägliche Zunahmen der Lämmer von 250 g. Zäh; gut an die Situation in den Bergen angepasst.
Nutzung: Hauptnutzung Fleisch, Wolle/Haare.
Organisation: SAVE

↕ Bock 75–80 Mutter 65–70	Bock 80–90 Mutter 60–70	Österreich	⚠ *****

Kärntner Brillenschaf

Spiegelschaf, Brillenschaf, Seeländerschaf

Kennzeichen: Mittelrahmiges Schaf. Wolle weiß und schlicht. Ramsnasiger, schmaler Kopf ohne Schaupe. Breite Hängeohren. Die äußere Ohrhälfte und die Umgebung der Augen sind schwarz. Gelegentlich Pigmentflecken im behaarten Bereich. Hornlos.

Zuchtgeschichte: Im 18. Jahrhundert in Kärnten aus dem bodenständigen Steinschaf und dem Paduaner- sowie dem Bergamaskerschaf herausgezüchtet.

Wurde im 19. Jahrhundert sehr geschätzt und dehnte ihr Zuchtgebiet über ganz Österreich und Südostoberbayern aus. Damals große Nachfrage in Frankreich und der Schweiz. Fiel in Österreich in den 30er Jahren des vergangenen Jahrhunderts einer „Rassebereinigung" zum Opfer. Seit 1990 in Bayern wieder als eigenständige Rasse anerkannt. In Österreich gibt es seit 1988, in Bayern seit 1989 ein Herdbuch. Die Bayerische regierung fördert die Rasse als „Brillenschaf" finanziell.

Verbreitung: Hauptsächlich Bayern, aber auch im übrigen Deutschland. Gesamtbestand hier 40 Zuchtböcke und ca. 800 Muttern. In Österreich ungefähr 1000 Tiere. Verwandte Rassen in Südtirol und Slowenien.

Leistung: Robust und anspruchslos. Berggängig und anpassungsfähig. Frühreif, asaisonal. Sehr gute Fruchtbarkeit; dreimalige Lammung in zwei Jahren möglich. Häufig Zwillingsgeburten. Jährlich zwei Schuren. Jahreswollmenge 5 bis 6 kg (Böcke) bzw. 4 bis 5 kg (Muttern).

Nutzung: Hauptnutzung Fleisch, untergeordnet Wolle/Haare.

Organisation: GEH, Arche Austria

Bock 75–80 Mutter 65–75	Bock 55–85 Mutter 45–65	Slowenische Alpen	****

Krainer Steinschaf

Kennzeichen: Klein bis mittelgroß. Mischwollig. Es kommen schwarze, braune und weiße Tiere, sowie solche mit Farbzeichnungen unterschiedlicher Art vor. Schwanz bewollt. Die Ohren stehen waagerecht ab. Beide Geschlechter können hornlos oder behornt sein.
Zuchtgeschichte: Das Krainer Steinschaf stammt aus der Region Krain; dem Gebiet des Dreiländerecks von Slowenien, Österreich und Italien. Sehr ursprüngliche Schafrasse. Mit den anderen Steinschafrassen verwandt. Restbestände dieser Rasse werden im Triglav-Nationalpark in Slowenien gehalten. 1988 kamen Tiere von dort nach Österreich und Deutschland. 1991 folgte eine weitere Gruppe nach Österreich. Dort wurde 1992 ein Herdbuch eingerichtet. In Deutschland seit 2001 eigenständig als „Krainer Steinschaf" geführt. Der Bestand umfasst ungefähr 500 Tiere in Österreich, 300 in Deutschland und weitere 300 in Slowenien. Der Bayerische Staat fördert die Haltung dieser Rasse.
Verbreitung: Slowenien, Österreich, Bayern.
Leistung: In Slowenien wird das Krainer Steinschaf gemolken: bei guter Fütterung sind 300 kg Milch in 150 Tagen möglich. Frühreif, asaisonale Brunst. Hohe Aufzucht- und Säugeleistung. Robust und anspruchslos. Trittsicher und gebirgstauglich. Gutmütig und langlebig. Gut für die Landschaftspflege geeignet.
Nutzung: Hauptnutzung Fleisch, Hobby, untergeordnet Wolle/Haare, Landschaftspflege.
Organisation: GEH, Arche Austria

Bock 70–80 Mutter 65–75	*Bock 110–120 Mutter 80–85*	*Östlicher Teil Mittelenglands*	**

Leicester Longwool

Kennzeichen: Groß. Mischwollig. Lange, spiralig gedrehte Wolllocken. Lange Fransen bedecken die Augen. Bewollte und behaarte Körperteile weiß. Beine, im Gegensatz zur Rasse Lincoln Longwool, behaart, also ohne Wolle. Mittellange, seitlich abstehende Ohren. Beide Geschlechter hornlos.

Zuchtgeschichte: Wurde schon in der zweiten Hälfte des 18. Jahrhunderts durch Bakewell zu einer Rasse geformt. Er wollte aus dem alten Leicester eine Rasse zu schaffen, die sowohl hervorragende Schlachtkörper als auch gute Wolle hervorragender Qualität liefert. Die Zuchtorganisation nannte sich zunächst „Leicester Sheep Breeders Association". Um Verwechslungen mit einer anderen Schafrasse von Leicester zu vermeiden, wurde sie später in Leicester Longwool Sheep Breeders Association umbenannt. Die Zahl der Tiere ging Ende der 60er und in den 70er Jahren des vergangenen Jahrhunderts drastisch zurück. Bis 1986 hatte sich die der Muttertiere wieder auf ungefähr 450 erhöht.

Verbreitung: Über das ganze Vereinigte Königreich verteilt. Exporte nach Nord- und Südamerika, Australien und Neuseeland.

Leistung: Vliesgewicht 6 bis 7 kg. Wolle für die Teppichherstellung gut geeignet. Saisonale Fortpflanzung. Ablammrate 120 bis 150 %. Milchreich. Gute Muttereigenschaften. Gutmütig und folgsam. Langlebig.

Nutzung: Hauptnutzung Fleisch, Wolle/Haare.

Organisation: RBST

Bock 82 Mutter 72	Bock 100–115 Mutter 70–85	Niedersachsen, D	*****

Leineschaf

Leine (engl.)

Kennzeichen: Mittel- bis großrahmig. Schlichtwollig. Bewollte und behaarte Körperteile weiß. Ohren leicht hängend. Hornlos.
Zuchtgeschichte: Im 19. Jahrhundert in den Randgebieten der Leine südlich von Hannover und im Eichsfeld/Thüringen entstanden. Schon bald wurden zur Steigerung der Fleischfülle englische Rassen eingekreuzt. Seit 1906 bestand ein einheitliches Zuchtziel. War Anfang des 20. Jahrhunderts sehr beliebt und wurde häufig außerhalb des Ursprungsgebiets gehalten. In den 60er Jahren des vergangenen Jahrhunderts wurden zur Verbesserung von Fleischleistung, Fruchtbarkeit und Milchergiebigkeit Texel und Ostfriesisches Milchschaf eingekreuzt; es entstand das „neue" Leineschaf. Vom Leineschaf „alter" Zuchtrichtung gab es schließlich in Deutschland nur noch eine kleine Zuchtgruppe im Erfurter Zoo. Auf dieser Basis und mit rassetypischen Re-Importen aus Polen wurden erneut etliche Bestände aufgebaut. 1995 gab es wieder vier Zuchtbetriebe. 2001 erfolgte die Anerkennung als eigenständige Rasse.
Verbreitung: Südliches Niedersachsen, Thüringen, Sachsen, Polen.
Leistung: Weitgehend saisonal. Ablammrate bei 130 bis 150 %. Für ein Landschaf gut bemuskelt. Die jährliche Wollleistung liegt bei 4,5 kg (Bock) bzw. 3,5 kg (Mutter). Robust und anspruchslos. Gut für die Landschaftspflege geeignet.
Nutzung: Hauptnutzung Fleisch, Landschaftspflege, untergeordnet Wolle/Haare.
Organisation: GEH

Bock 89
Mutter 80

Bock 120–130
Mutter 85–90

Osten Englands

***

Lincoln Longwool

Kennzeichen: Groß. Bewollte und behaarte Körperteile weiß. Die Wolle hängt in lockigen Strähnen. Wollsträhnen auch im Gesicht, so dass die Augen kurz vor der Schur verdeckt sind. Bewollte Beine (im Gegensatz zu Leicester Longwool). Beide Geschlechter hornlos.

Zuchtgeschichte: In Lincolnshire gab es schon im 18. Jahrhundert Schafe mit auffallend langer Wolle. Sie wurden damals sehr geschätzt. Durch die Konkurrenz von importierten Merino-Schafen und die damals aufkommende Baumwolle wurden die einheimischen Schafe zurückgedrängt. Die Situation änderte sich allerdings um 1800 durch Napoleon und die Kontinentalsperre. Um 1870 bestand weltweit eine große Nachfrage nach Lincoln Longwool. Zahlreiche Tiere wurden nach Neuseeland verschifft und dort mit Merinos gekreuzt. Damals entstanden daraus die heutigen Corridales. 1892 wurden eine Züchterorganisation sowie ein Herdbuch gegründet. Durch den abnehmenden Wollbedarf nach dem 2. Weltkrieg ging die Bedeutung der Rasse dramatisch zurück.

Verbreitung: Großbritannien. Südamerika, Russland und China.

Leistung: Extremes Wollwachstum; der Rekord waren 21 kg von einem Bock. Durchschnittliche Jahreswollmenge 10 kg. Ein weiblicher Jährling hatte eine Vlieslänge von 81 cm. Unempfindlich gegen Kälte, aber anfällig bei längeren Nässeperioden. Spätreif. Anspruchslos.

Nutzung: Hauptnutzung Fleisch, Wolle/Haare, Haut/Fell.

Organisation: RBST, MAFF

Bock 70 Mutter 65	Bock 70–80 Mutter 60	Halbinsel Lleyn (Wales)	**

Lleyn

Kennzeichen: Mittelgroßes Schaf. Wolle und Behaarung weiß. Schwarze Nase. Stehohren. Hornlos.
Zuchtgeschichte: Stammt von der Halbinsel Lleyn im Norden von Wales, wo es schon seit langer Zeit wegen seiner Fruchtbarkeit sehr geschätzt wurde. Nach dem 2. Weltkrieg nahm die Zahl der Tiere zunächst dramatisch ab; es soll Mitte der 1960er Jahre kaum ein Dutzend Individuen übrig geblieben sein. Die Situation änderte sich, als um 1970 Lammfleisch und nicht so sehr Wolle gefragt war. Es folgte ein rasanter Aufschwung. Die Zuchtgemeinschaft begann im Jahre 1970 mit nur 13 Mitgliedern. Schon 1985 gab es 231 Bestände. Die meisten von ihnen waren in Wales ansässig, doch auch in England befand sich zu jener Zeit die bemerkenswerte Zahl von mehr als 70 Herden.
Verbreitung: Großbritannien.
Leistung: Gute Wollqualität. Stapellänge 8 bis 12 cm. Jahreswollmenge 2 bis 3 kg. Lleyn gibt sehr viel Milch. Das mag daran liegen, dass die Rasse früher gemolken und auf Milchleistung selektiert wurde. Hinzu kommt eine sehr gute Fruchtbarkeit. Ablammrate 200 %; es kommen auch Drillinge, Vierlinge und sogar Fünflinge vor. Hohe Vitalität der Lämmer ist gepaart mit ungewöhnlich guten Muttereigenschaften. Leichte Geburten. Mit Lleyn auf der Vaterseite gibt es mit verschiedenen anderen Rassen hervorragende Kreuzungslämmer.
Nutzung: Hauptnutzung Fleisch, Wolle/Haare.
Organisation: MAFF

Bock 65 Mutter 60	Bock 50–60 Mutter 40	Insel Man, GB	***

Manx Loghtan

Kennzeichen: Klein. Bewollte Körperteile sind beige (ähnlich Hebridean, aber nicht so dunkel). Behaarte Körperteile (Kopf und Beine) sind rotbraun, gelegentlich dunkelbraun bis schwarz. Mittellanger Schwanz, Stehohren. Im Ursprungsgebiet (Insel Man) haben die meisten Individuen vier, gelegentlich sechs Hörner. Manche Tiere haben nur zwei Hörner, insbesondere die in England gehaltenen.
Zuchtgeschichte: Soll durch Kreuzung von bodenständigen Schafen der Insel Man und Hebridean entstanden sein. Es wird auch auf die Schafe der Wikinger zurückgeführt. Das Wort „Manx" ist von der Insel Man abgeleitet. „Loghtan" kommt ebenfalls von der Sprache der Bewohner von Man. „Lugh" bedeutet dort „Maus". „Dhoan" heißt braun. Das jetzige Wort „loghtan" ist also eine Anspielung auf die Farbe der Rasse: mausbraun. Als eigenständige Rasse ist sie seit Anfang des 19. Jahrhunderts bekannt. Sie wurde damals als eine der kleinsten britischen Schafrassen beschrieben; die Tiere wogen durchschnittlich nur 10 kg. Die frühere Geschichte dieser Rasse ist unbekannt. Vermutlich hat sie denselben Ursprung wie Hebridean.
Verbreitung: Großbritannien.
Leistung: Stapellänge 7 bis 10 cm. Jährliche Wollmenge 1,5 bis 2,0 kg. Genreserve. Wenn die Tiere nicht geschoren werden, wird die Wolle im Frühling abgestoßen.
Nutzung: Hauptnutzung Fleisch, untergeordnet Wolle/Haare, Landschaftspflege.
Organisation: RBST

Bock 65 Mutter 60	Bock 50–60 Mutter 35–45	Vorarlberg, A	*****

Montafoner Steinschaf

Montafon Sheep (engl.)

Kennzeichen: Kleines Schaf mit schmalem Kopf und geradem Nasenprofil. Mischwollig. Die Tiere sind zumeist weiß, doch es kommen auch schwarze, graue, braune, rote sowie gescheckte Individuen vor. Ohren waagerecht bis leicht hängend. Langer, bewollter Schwanz. Es gibt in beiden Geschlechtern gehörnte und hornlose Tiere.
Zuchtgeschichte: Aus bodenständigen Schafen unter geringem Einfluss von Bergamaskern im Montafon/Österreich entstanden. Es stammt vom Zaupelschaf ab. Genetische Untersuchungen haben ergeben, dass es sich beim Montafoner Steinschaf um eine eigenständige, auch von anderen Steinschafen gut abgrenzbare Rasse handelt. Wurde durch fleischwüchsigere Rassen in das hintere Montafoner Tal abgedrängt. Seit 1987 besteht ein Herdbuch. Die Zahl der Tiere steigt leicht. 2005 umfasste sie 13 Böcke und 107 Mutterschafe.
Verbreitung: Österreich. Einzelne Bestände in Süddeutschland.
Leistung: Jährliche Wollmenge 2 bis 3 kg. Auffallender Seidenglanz der Wolle. Die Tiere werden zweimal jährlich geschoren. Frühreif und asaisonal. Erstlammalter ab elf Monaten möglich. Ablammergebnis 130 %. Widerstandsfähig und anspruchslos. An das Hochgebirge angepasst. Gut für die Landschaftspflege geeignet. Feinfaseriges, wohlschmeckendes Fleisch.
Nutzung: Hauptnutzung Fleisch, Wolle/Haare, untergeordnet Landschaftspflege.
Organisation: Arche Austria

Bock 70
Mutter 60

Bock 60–70
Mutter 45–55

Brasilien

****

Morada

Morada Nova Deslanado Vermelho (die Roten ohne Wolle) (port.)

Kennzeichen: Haarschaf. Haarkleid rot bis falb, gelegentlich weiß. Langer behaarter Schwanz. Seitlich abstehende oder leicht hängende Ohren Langbeinig. Hornlos.

Zuchtgeschichte: Es wird angenommen, dass die Vorfahren dieser Rasse von der portugisischen Rasse Bordaleiro abstammen. Sie sollen mit den ersten Siedlern Brasiliens aus Europa gekommen sein. Zweifellos haben aber auch afrikanische Haarschafe Morada beeinflusst. Der Name dieser Rasse geht auf die brasilianische Stadt Morada Nova im Staat Ceará zurück. In der dortigen Gegend entdeckte sie 1927 Prof. Otávio Domingues und gab ihr den heutigen Namen. Die landwirtschaftliche Forschungsstation Rio Grande do Norte hält auf ihrer Pedro-Avelino-Versuchsstation eine Nucleus-Herde. Eine kleine Herde steht auf einer Farm für gefährdete Rassen in der Nähe von Brasilia. Eine Zuchtorganisation gibt es nicht.

Verbreitung: Ostbrasilien.

Leistung: Gut angepasst an die klimatischen Bedingungen im Nordosten Brasiliens. Hitzeresistent. Wenig krankheitsanfällig. Tolerant gegenüber Endoparasiten. Die durchschnittliche Wurfgröße beträgt 1,5 Lämmer.

Nutzung: Hauptnutzung Fleisch.

Organisation: EMBRAPA

Bock 65–75 Mutter 60–65	Bock 60–70 Mutter 45–50	Südwesten der USA	**

Navajo-Churro

Navajo Four-Horned (engl.), American Four-Horned (engl.)

Kennzeichen: Klein. Mischwollig. Es kommen weiße, silberfarbige, blau-graue, hellbraune, rotbraune und schwarze Tiere vor; außerdem gibt es gescheckte. Langer Schwanz. Kleine, waagerecht abstehende Ohren. Langbeinig. Zahlreiche Böcke besitzen vier Hörner; es gibt aber auch Tiere mit nur zwei Hörnern und sogar hornlose.
Zuchtgeschichte: Schon im 16. Jahrhundert brachten die Spanier Schafe aus ihrem Heimatland nach Mexiko und in den Südwesten der heutigen USA. Sie wurden durch die Entdecker und die Missionare verbreitet, die ihnen folgten und Missionsstationen aufbauten. Die Schafe dienten der Fleischversorgung der Menschen. Auf diesem Weg kamen sie auch in den Besitz der dort lebenden Indianer. Durch Rassen aus Europa wurde Navajo-Churro fast verdrängt. Wegen der Bodenerosion, die sie verursachten, wurde ihre Haltung Mitte des 19. Jahrhunderts gar verboten. Nur bei den Navajo-Indianern überlebten Restbestände. Seit 1977 gibt es gezielte Erhaltungsmaßnahmen.
Verbreitung: Südwesten der USA.
Leistung: Vliesgewicht 1,5 bis 2,5 kg. Die Navajo-Indianer machen aus der Wolle Teppiche und Decken. Die Rasse gilt als sehr fruchtbar. Leichte Geburten; vitale Lämmer. Gute Muttereigenschaften. Gut angepasst an heiße, trockene Regionen.
Nutzung: Hauptnutzung Fleisch, untergeordnet Wolle/Haare.
Organisation: ALBC

Bock 77 *Mutter 69*	*Bock 90* *Mutter 70*	*Norfolk,* *Ostengland*	*****

Norfolk Horn

Blackface (engl.), Norfolk Horned (engl.), Old Norfolk (engl.)

Kennzeichen: Mittelgroß. Bewollte Körperteile weiß. Kopf und Beine schwarz oder dunkelbraun. Langbeinig. Ohren waagerecht abstehend. Die Lämmer haben bei der Geburt ein gesprenkeltes Fell. Beide Geschlechter gehörnt.
Zuchtgeschichte: Schon Ende des 18. Jahrhunderts bekannt und seit 1810 als eigenständige Rasse anerkannt. Galt ursprünglich als Heiderasse und war Mitte des 19. Jahrhunderts eine der am meisten verbreiteten Rassen in Großbritannien. Durch Kreuzung mit Southdown entstand die Rasse Suffolk, die Norfolk Horn nahezu verdrängte. 1950 gab es nur noch acht Mutterschafe und fünf Böcke. Diese letzten reinrassigen Tiere kamen nach dem Tod des Eigentümers in den Besitz der Londoner Zoologischen Gesellschaft und wurden in den Whipsnade Zoo gebracht. Seit 1969 wurden diese mit Suffolk, Wiltshire Horn und Swaledale gekreuzt; es entstand das „neue" Norfolk Horn. Diese Population wurde erst dann als Rasse anerkannt, als bei ihm der Blutanteil des „alten" Dorset Horn durch entsprechende Kreuzung auf über 90 % gestiegen war. Gegenwärtig gibt es zehn Bestände mit ungefähr 400 Tieren.
Verbreitung: England.
Leistung: Robust und genügsam. Die Jahreswollmenge beträgt circa 3 kg. Crossbred-Wolle von 7 bis 10 cm Länge. Gute Mütter. Genreserve.
Nutzung: Hauptnutzung Fleisch, Wolle/Haare.
Organisation: RBST, MAFF

Bock 50 Mutter 45	Bock 35–40 Mutter 25–30	Orkney-Inseln	*****

North Ronaldsay

Orkney

Kennzeichen: Klein. Kurze Mischwolle. Wollfarbe von hell- und dunkelbraun, rot, grau und schwarz. Auch weiße Tiere kommen vereinzelt vor. Die behaarten Körperteile (Kopf und Beine) sind gewöhnlich dunkler als die Wolle. Kleine, waagerecht abstehende Ohren. Kurzschwänzig. Lämmer gefleckt. Böcke stets, Mutterschafe meist gehörnt.

Zuchtgeschichte: Möglicherweise die älteste Schafrasse Großbritanniens. Inbegriff einer ursprünglichen Landrasse. Wurde vermutlich schon von frühen Einwanderern mitgebracht. Ursprüngliche Rasse von North Ronaldsay, der nördlichsten der Orkney-Inseln im Norden von Schottland. Seit 1974 gibt es ein Herdbuch. Gehört zur Gruppe der Nordischen Heideschafe.

Verbreitung: Schottland.

Leistung: Kurze Mischwolle von 4 bis 8 cm Länge. Vliesgewicht 1,5 bis 2,5 kg. Extrem anspruchslos. Die Tiere sind sich meist selbst überlassen. Sie sind durch Steinwälle vom landwirtschaftlich genutzten Gelände der Inseln ausgeschlossen, und leben im Küstenstreifen. Robust und anspruchslos. Sie gehen bei Ebbe zum Meeresboden und fressen dort Tang. Besonders im Winter ist dies nahezu ihre einzige Nahrungsquelle. Durch Lebensweise und spezielle Ernährung hat sich ein einzigartiger Genotyp herausgebildet. Kupferunverträglichkeit. Excellenter Fleischgeschmack.

Nutzung: Hauptnutzung Fleisch, untergeordnet Hobby, Wolle/Haare.

Organisation: RBST, MAFF

Bock 70 Mutter 60	Bock 70–80 Mutter 50–60	Spanien	*

Ojalada

Ojalada Soriana (span.)

Kennzeichen: Mittelgroß. Schlichtwollig. Wolle weiß. Kopf, untere Hälfte des Halses, Unterseite des Rumpfes sowie Beine behaart. Ohren, Umgebung der Augen und des Maules sowie häufig unterer Teil der Beine schwarz oder schwarz gesprenkelt. Die Ohren werden waagerecht getragen. Böcke oft, Muttern selten gehörnt.
Zuchtgeschichte: Alte bodenständige Rasse in Nordostspanien. Häufig mit anderen Rassen gekreuzt, so dass in manchen Herden nur noch wenige typische Tiere sind. Ein Herdbuch gibt es seit 1999; damals wurde auch der Rassestandard festgelegt. Gehört seit 1993 der Organisation der milchproduzierenden Schafrassen in Spanien an.
Verbreitung: Hauptsächlich in den Provinzen Soria, Segovia und Guadalajara nördlich von Madrid. Im Zuchtbuch stehen gegenwärtig 5200 Mutterschafe und 200 Böcke.
Leistung: Milchschafrasse mit recht guter Fleischleistung. Die Lämmer werden gewöhnlich im Gewicht von 9 bis 11 kg geschlachtet. Anspruchslos und sehr marschfähig.
Nutzung: Hauptnutzung Milch, Fleisch.
Organisation: SERGA, Asociación Nacional de Criadores de Ganado Ovino Selecto de Raza Ojalada

Bock 50 Mutter 45	Bock 15–20 Mutter 13–16	Bretagne, F	***

Ouessant

Bretonisches Zwergschaf

Kennzeichen: Sehr klein. Relativ hochbeinig. Mischwolle. Es gibt einfarbig weiße, schwarze und braune Tiere; gelegentlich auch graue. Kleine, waagerecht abstehende Ohren. Kurzer behaarter Schwanz, der über den Sprunggelenken endet. Die Böcke sind gehörnt, Mutterschafe meist hornlos oder Hornstummel.
Zuchtgeschichte: Lebt seit Jahrhunderten auf der Insel Ouessant vor der Westküste der Bretagne/Frankreich. Vermutlich waren Kurzschwanzschafe aus Nordeuropa an der Entstehung beteiligt. Kleinste Schafrasse der Welt. Sie ist als Folge extensiver Haltungsbedingungen durch natürliche Auslese entstanden. Typisches Beispiel für die Verzwergung einer Inselform. Anfang des 20. Jahrhunderts Einkreuzung wüchsigerer Schafe. Die Rasse überlebte in ihrer ursprünglichen Zwergform nur in einigen kleineren Beständen auf dem französischen Festland. Diese bildeten das Ausgangsmaterial für die heutige Zucht im In- und Ausland. In Deutschland gibt es gegenwärtig 38 Herdbuchbetriebe.
Verbreitung: Frankreich, Niederlande, Deutschland.
Leistung: Vliesgewicht 1,5 bis 2,0 kg (Böcke), bzw. 1,0 bis 1,5 kg (Muttern). Erstzulassung mit 7 bis 8 Monaten möglich. Fortpflanzung streng saisonal. Ablammergebnis 100 %. Vitale Lämmer. Robust und anspruchslos.
Nutzung: Hauptnutzung Hobby, untergeordnet Fleisch.
Organisation: SZH

Bock 86
Mutter 76

Bock 120–130
Mutter 90–95

Oxfordshire, GB

***

Oxford Down

Oxford

Kennzeichen: Großrahmig. Weiße Wolle. Beine weit hinabreichend bewollt. Behaarte Teile des Kopfes und Ohren schwarz oder dunkelbraun. Schaupe. Schwanz üblicherweise kupiert. Ohren waagerecht abstehend. Tiefer Rumpf, relativ kurzbeinig. Beide Geschlechter hornlos.
Zuchtgeschichte: Wurde um 1830 aus der Kreuzung von Hampshire und Cotswold entwickelt; es soll auch die Rasse Southdown beteiligt gewesen sein. Ursprünglich hatte die Rasse den Namen „Down Cotswolds"; dieser wurde 1857 in die jetzt geltende Bezeichnung geändert. Schon 1846 exportierte man die ersten Oxford Downs in die USA. Das erste Herdbuch wurde 1889 eingerichtet. Oxford Down war in der ersten Hälfte des 20. Jahrhunderts in England sehr populär. Der Zusammenbruch kam nach dem Zweiten Weltkrieg. In den frühen 80er Jahren des vergangenen Jahrhunderts gab es nur noch ungefähr 700 weibliche Zuchttiere. Danach leichter Anstieg der Bestandszahlen. 1985 wurden 18 neue Bestände aufgebaut.
Verbreitung: Großbritannien, Irland. In Deutschland, der Schweiz und Rußland in andere Rassen eingekreuzt. USA.
Leistung: Jährliche Wollmenge 3 bis 4 kg. Stapellänge 10 bis 15 cm. Gute Wollqualität. Frühreif. Die Lämmer werden gut bewollt geboren und sind deshalb schon bald widerstandsfähig gegen Witterungsunbilden. Frohwüchsige Lämmer.
Nutzung: Hauptnutzung Fleisch, Wolle/Haare.
Organisation: RBST, MAFF

Bock 65 Mutter 60	Bock 50–60 Mutter 40	Portland, GB	***

Portland

Kennzeichen: Klein. Die Wolle ist weiß, hellgrau oder rötlich. Behaarte Körperteile (Gesicht, Ohren und Unterbeine) falb. Schaupe. An den Beinen weit herabreichende Wolle. Ohren klein und waagerecht. Lämmer sind einfarbig fuchsrot. Beide Geschlechter gehörnt.
Zuchtgeschichte: Entstand Anfang des 19. Jahrhunderts auf der Insel Portland vor Dorset/Südengland aus bodenständigen Schafen, die vermutlich im Typ dem Soay-Schaf ähnelten. Es ist denkbar, dass sie aus der im Mittelalter vorhandenen Rasse „Tanfaced Horn“ hervorgegangen ist. Diese Rasse kam auch außerhalb von Portland in Dorset vor, und war vom Typ her wahrscheinlich früher weit über England verbreitet. Nach dem 2. Weltkrieg entsprach die Rasse nicht mehr den Ansprüchen des Marktes; 1972 gab es nur noch sechs Bestände. Erst jetzt begann man mit einer geordneten Zucht. Herdbuch seit 1973. Bis Ende der 80er Jahre des vergangenen Jahrhunderts konnte die Zahl der zur Zucht geeigneten weiblichen Tiere wieder auf ungefähr 350 erhöht werden.
Verbreitung: England.
Leistung: Jahreswollmenge 2 bis 3 kg. Kurzwollig; Stapellänge 6 bis 9 cm. Gute Wollqualität. Weitgehend asaisonal. Geringe Fruchtbarkeit. Gewöhnlich wird nur ein Lamm geboren. Gute Milchproduktion der Mutterschafe. Vorzügliche Fleischqualität. Umgänglich; genügsam.
Nutzung: Hauptnutzung Fleisch, Hobby, untergeordnet Wolle/Haare.
Organisation: RBST, MAFF

Bock 70 Mutter 63	Bock 65–75 Mutter 50–60	Pommern, D	**

Rauwolliges Pommersches Landschaf

Pomeranian Coarsewool (engl.)

Kennzeichen: Mittelgroß. Mischwollig. Grau bis blaugraue Wolle mit bräunlichem Anflug. Kopf, Hals und Unterbeine schwarz. Böcke besitzen an Unterhals und Vorderbrust eine Mähne. Die Lämmer werden schwarz geboren. Hornlos.
Zuchtgeschichte: In Pommern, Vorpommern, Mecklenburg und vermutlich weit darüber hinaus aus bodenständigen Schafen entstanden. Bei den bis Ende des 19. Jahrhunderts üblichen Fütterungs- und Haltungsbedingungen war kein Schaf mit höherer Fleischwüchsigkeit und besserer Wolle denkbar. Einkreuzungen blieben ohne nachhaltige Auswirkungen. Noch Mitte des vergangenen Jahrhunderts gab es viele Tausende Tiere dieser Rasse. Danach kam es zu einem raschen Einbruch der Bestände. In der DDR wurde die Zucht sehr erschwert; 1982 gab es dort nur noch 46 Mutterschafe und sieben Böcke. Nach der politischen Wende deutlicher Aufschwung.
Verbreitung: Mecklenburg-Vorpommern, vor allem auf der Insel Rügen. Zahlreiche Bestände in den meisten anderen Bundesländern.
Leistung: Robust und anspruchslos. Weitgehend unempfindlich gegen etliche Erkrankungen. Ablammergebnis 130 %. Ausgezeichnete Säugeleistung. Marschfähig. Sehr gute Fleischqualität. Die jährliche Wollmenge beträgt 4 bis 5 kg (Böcke) bzw. 3 bis 4 kg (Muttern).
Nutzung: Hauptnutzung Fleisch, Landschaftspflege, untergeordnet Wolle/Haare, Hobby.
Organisation: GEH

Bock 82 Mutter 75	Bock 90 Mutter 65	Rhön, D	*

Rhönschaf

Rhoen (engl.)

Kennzeichen: Mittelgroß bis groß. Schlichtwollig. Wolle weiß. Kopf schwarz, Beine weiß behaart. Ohren seitlich abstehend. Hochbeinig. Hornlos.

Zuchtgeschichte: Mit dem heute üblichen Namen wird das Rhönschaf 1846 zum ersten Mal erwähnt. Die älteste Abbildung eines typischen Rhönschafes stammt von 1859. Neben dem schwarzen Kopf und den weißen Beinen entsprachen auch die übrigen Merkmale den heutigen Erwartungen an die Rasse. Um die Mitte des 19. Jahrhunderts gab es Rhönschafe nicht nur in der Rhön, sondern auch in deren Umfeld. Ein Herdbuch gibt es seit 1890. Der Einbruch der Bestände kam in der Nachkriegszeit. In Hessen und Bayern gab es bald nur noch wenige Züchter. Insbesondere in dem zur DDR gehörenden Teil der Rhön wurde die Haltung dieser Rasse außerordentlich erschwert. Ein erneuter Aufschwung begann in den 1980er Jahren. In Bayern förderfähig.

Verbreitung: Hauptsächlich in Bayern, Thüringen und Hessen, aber auch in anderen Bundesländern.

Leistung: Wird in Hüte- und Koppelschafhaltung eingesetzt. An das raue Klima in Mittelgebirgslagen angepasst. Robust und genügsam. Die jährliche Wollmenge beträgt 5 bis 6 kg (Böcke) bzw. 3 bis 4 kg (Muttern). Erstzulassung mit 12 Monaten. Asaisonal. Ablammergebnis 160 %. Gute Säugeleistung. Wohlschmeckendes Fleisch mit Wildcharakter.

Nutzung: Hauptnutzung Fleisch, Wolle/Haare, Landschaftspflege.

Organisation: GEH

Bock 55–60 Mutter 50	Bock 85–95 Mutter 55–60	Pyrenäen, F	*****

Rouge de Roussillon

Roussillon Red (engl.)

Kennzeichen: Mittelgroß. Schlichtwollig. Die Wolle ist gelblich mit einem rötlichen Anflug. Kopf und Beine sind hell- bis braunrot. Bauch nicht bewollt. Mittellange, leicht abgedachte Ohren. Beide Geschlechter hornlos.
Zuchtgeschichte: Bodenständige Rasse der Pyrenäen, die zumindest seit Mitte des 19. Jahrhunderts bekannt ist. Schon im 17. und 18. Jahrhundert sollen Schafe von diesem Typ aus den Pyrenäen nach Deutschland exportiert worden sein. 1979 sollte die letzte Herde geschlachtet werden, weil der Besitzer aus Altergründen aufgeben musste. Der Bestand wurde jedoch aufgekauft und konnte erhalten werden. Nicht rassetypische Individuen wurden heraus selektiert. Von den verbleibenden reinrassigen Tieren wurde ein Teil an den Tiergarten Nürnberg verkauft. 1999 umfasste der Bestand 5 Böcke und 38 weibliche eingetragene Zuchttiere; die Zahl hatte sich bis 2006 auf 14 Böcke und 43 Muttern erhöht. In Frankreich ist die Rasse nahezu ausgestorben. In Deutschland gibt es ein Herdbuch. Es besteht eine nahe Verwandtschaft mit anderen Fuchsschafen, z. B. mit Sasi Ardi im spanischen Baskenland.
Verbreitung: Frankreich, Deutschland, Österreich.
Leistung: Vliesgewicht 2 bis 3 kg. Saisonale Fortpflanzung. Ablammergebnis 130 %. Robust; extrem genügsam.
Nutzung: Hauptnutzung Fleisch, Wolle/Haare, Hobby.
Organisation: GEH

Bock 68 Mutter 61	Bock 85–90 Mutter 60–65	Grafschaft Hereford, GB	**

Ryeland

Kennzeichen: Klein. Bewollte und behaarte Körperteile weiß, gelegentlich hell- bis dunkelbraun. Insgesamt stark bewollt; das gilt auch für die Beine bis hinab zu den Klauen und den Kopf. Nur Umgebung von Maul und Augen sowie die Ohren sind behaart. Kompakter Rumpf. Mittelgroße, waagerecht abstehende Ohren. Beide Geschlechter hornlos.

Zuchtgeschichte: Ryeland ist eine der ältesten britischen Schafrassen. Zumindest in ähnlicher Weise gibt es sie schon seit ungefähr 800 Jahren. Sie entstand in der Grafschaft Hereford im Westen von Mittel-England und war im 18. Jahrhundert wegen ihrer feinen Wolle berühmt.
Als Ende des Jahrhunderts die Nachfrage nach Schaffleisch stieg und die Preise entsprechend hoch waren, wurden andere Niederungsrassen eingekreuzt. Dadurch verbesserte sich die Qualität der Schlachtkörper. In diesem Bereich war aber die Konkurrenz durch andere Rassen groß; Ryeland geriet ins Hintertreffen. 1903 gab es nur noch 15 Bestände. Das erste Herdbuch wurde 1908 eingerichtet. 1920 existierten es wieder 80 Herden. Dennoch war der Rückgang insgesamt nicht aufzuhalten.

Verbreitung: England, Australien, Neuseeland, Argentinien.

Leistung: Gute Wollqualität. Vliesgewicht 2,5 bis 3,0 kg. Stapellänge 8 bis 10 cm. Vitale, frohwüchsige Lämmer. Gute Fleischqualität. Robust, wenig anfällig für Moderhinke.

Nutzung: Hauptnutzung Fleisch, Wolle/Haare.

Organisation: RBST, MAFF

Bock 65–70
Mutter 60–65

Bock 80–90
Mutter 60–70

Jungferninseln

**

Saint Croix

Kennzeichen: Mittelgroß. Haarschaf. Weiß ohne Abzeichen. Mittellange, leicht hängende Ohren. Ältere Böcke mit Mähne am Unterhals. Beide Geschlechter hornlos.
Zuchtgeschichte: Sie stammen von westafrikanischen Haarschafen ab, die mit den Schiffen der Sklavenhändler als Lebendproviant in die Karibik kamen. Hier wurden diese Tiere mit bewollten Schafen aus Europa gekreuzt, doch der Haarschafcharakter blieb als Folge weitgehender natürlicher Selektion erhalten. Neben der Versorgung der Bevölkerung mit Fleisch hatte ihr Kot Bedeutung als Dünger für den Zuckerrohranbau. Erst mit dem Niedergang der Preise für Wolle wurde man außerhalb der Karibik auf diese Rasse aufmerksam. Ab 1960 gelangten die Tiere in die USA und sie wurden hier züchterisch intensiver bearbeitet. Während die Rasse im Ursprungsgebiet noch „Virgin Island White" hieß, bekamen sie in den USA den jetzt üblichen Namen. Saint Croix ist im Typ noch wenig einheitlich.
Verbreitung: USA, Kanada.
Leistung: Asaisonale Fortpflanzung. Zuchtreif mit sechs Monaten. Sehr fruchtbar. Die Ablammrate liegt bei 200 %. Hitzetolerant, doch kommen sie auch gut mit niedrigen Temperaturen zurecht. Die Tiere bekommen dann eine wollige Behaarung, die im Frühling abgestoßen wird. Parasitentolerant. Anspruchslos, freundliche Wesen. Die Rasse neigt zum Verwildern.
Nutzung: Hauptnutzung Fleisch, Landschaftspflege.
Organisation: ALBC

Bock 65–70 Mutter 60–65	Bock 70–80 Mutter 60–65	Provinz Cuneo, I	**

Sambucana

Demontina (ital.), Dematina (ital.)

Kennzeichen: Mittelgroß. Schlichtwollig. Meist rein weiß, gelegentlich braun oder schwarz. Kopf, Beine und Bauch behaart. Ramsnasig. Ohren mittellang und leicht hängend. Im Allgemeinen hornlos.

Zuchtgeschichte: Alpenrasse aus dem Piemont, und zwar speziell der Provinz Cuneo. Sie ist nach dem Dorf Sambuco benannt, das im Stura-Tal in fast 1200 m Höhe liegt und nur rund 100 Einwohner hat. Die Rasse ist in ihrem Bestand gefährdet. Im Jahre 1985 wurde zu ihrer Aufwertung ein Konsortium gebildet, an der Gemeinde und Züchter beteiligt sind. Zu seinen Aufgaben gehört die Bockhaltung und die Auswahl von Zuchttieren. Der Gesamtbestand liegt jetzt bei ungefähr 5000 Tieren. Die Rasse ist inoffiziell anerkannt; es besteht ein Herdbuch. Sambucana wurde von der EU als bedrohte Rasse erfasst; sie wird finanziell gefördert.

Verbreitung: Italienische Alpen.

Leistung: Robust und anspruchslos. Gut an die Haltung im Gebirge angepasst. Asaisonal. Ablammergebnis 150 %. Die Milch wird zu einem speziellen Käse, dem „La Toumo", verarbeitet. Erstklassige Fleischqualität.

Nutzung: Hauptnutzung Fleisch, Wolle/Haare, Milch, untergeordnet Landschaftspflege.

Organisation: ConSDABI

Bock 77 Mutter 67	Bock 67 Mutter 60	Insel vor Kalifornien, USA	****

Santa Cruz

Kennzeichen: Klein. Schlichtwollig. Zumeist weiß, es kommen aber auch schwarze, braune und gescheckte Tiere vor. Kopf, Beine und Unterseite des Rumpfes sind behaart. Schwanz meist bewollt, gelegentlich aber auch behaart (Rattenschwanz). Meist gehörnt.

Zuchtgeschichte: Die Rasse stammt von der Insel Santa Cruz, die vor der kalifornischen Küste auf der Höhe von Los Angeles liegt. Es gibt diese Schafe dort zumindest schon seit Anfang des 20. Jahrhunderts, möglicherweise aber auch schon seit 200 Jahren. Der Überlieferung nach sollen die Tiere Anfang des 19. Jahrhunderts auf die Insel gekommen sein. Dem Typ nach zu urteilen könnte es sich ursprünglich um Merinos und Rambouillet gehandelt haben. Es sind aber möglicherweise auch Schafe der spanischen Eroberer beteiligt. In der Vergangenheit unterlag die verwilderte Population allerdings der natürlichen Selektion. Die Tiere hatten sich so vermehrt, dass es zu erheblichen Überweidungsproblemen kam. Um die einheimische Pflanzenwelt zu schützen, sollten die Schafe um 1980 ausgemerzt werden. Einige Tiere wurden von der Insel geholt. Sie kamen zu fünf verschiedenen Schafhaltern, und bildeten den Grundstock für die heutige Zucht.

Verbreitung: Kalifornien.

Leistung: Widerstandsfähig. Leichte Geburten. Vitale Lämmer. Wenig anspruchsvoll.

Nutzung: Hauptnutzung Fleisch, Hobby.

Organisation: ALBC „Santa Cruz“

Bock 70–80 Mutter 65–70	Bock 70–80 Mutter 60–70	Italienische Alpen	*****

Savoiarda

Cuorgne (ital.)

Kennzeichen: Mittelgroß. Mischwollig. Wolle weiß, Umgebung von Maul und Augen sowie äußere Ohrhälfte schwarz. Schwarze Flecken an den Beinen, insbesondere über den Klauen. Kopf ramsnasig. Mittellange, leicht hängende Ohren. Beide Geschlechter gehörnt.

Zuchtgeschichte: Es handelt sich um ein alte Gebirgsrasse aus den italienischen Alpen an der Grenze zu Frankreich. Das heutige Hauptverbreitungsgebiet ist das untere Susa-Tal, das Lanzo-Tal, Pellice, Chisone sowie die Umgebung von Giaveno. Wegen Einkreuzung von italienischen und französischen Fleischrassen sind kaum noch reinrassige Tiere vorhanden. 1961 betrug die Gesamtpopulation 2500 Tiere. Im Jahre 2004 war der Bestand auf 22 Individuen geschrumpft. Es besteht ein Herdbuch. Der WWF hat eine Herde aufgebaut. Einige weitere Bestände gibt es in Frankreich.

Verbreitung: Provinz Turin/Italien.

Leistung: Vliesgewicht 3 kg (Böcke) bzw. 2 kg (Muttern). Asaisonal. Ablammergebnis 130 %. Damit die Muttertiere gemolken werden können, werden die Lämmer schon im Gweicht von 12 bis 15 kg abgesetzt.

Nutzung: Hauptnutzung Milch, Fleisch, Wolle/Haare.

Organisation: ConSDABI

Bock 80–85
Mutter 70–80

Bock 85–110
Mutter 70–80

Oberbayern, Südtirol

****

Schwarzes Bergschaf

Schwarzbraunes Bergschaf

Kennzeichen: Mittelgroß bis groß. Schlichtwollig. Ganzfarbig schwarz oder schwarzbraun. Kopf schmal und ramsnasig. Schwanz bewollt. Lange und breite, fleischige Hängeohren. Hornlos.
Zuchtgeschichte: Beim Weißen Bergschaf kamen, wie bei anderen Schafrassen, stets vereinzelt schwarze Exemplare vor. Diese schwarzen Schafe stammen somit auch vom Bergamaskerschaf sowie vom Steinschaf ab. Um das Jahr 2000 selektierten einzelne Züchter derartige schwarze gezielt und bauten eigenständige Bestände auf. Als Rasse besteht diese Farbvariante also noch nicht sehr lange. In Deutschland wurde sie 2003 ins Herdbuch aufgenommen. Nach Schätzungen umfasst die Gesamtpopulation 500 Tiere. Gegenwärtig gibt es in Bayern sechs Herdbuchzuchten.
Verbreitung: Oberbayern, Südtirol.
Leistung: Sie entspricht weitgehend dem Weißen Bergschaf. Bestens geeignet für niederschlagreiche Bergregionen und das Hochgebirge. Vliesgewicht 6 bis 8 kg (Böcke) bzw. 4 bis 6 kg (Mutterschaf). Frühreif, hohe Fruchtbarkeit. Asaisonal. Ablammergebnis nahezu 200 %. Gute Muttereigenschaften. Die täglichen Zunahmen der Lämmer liegen bei 250 g. Angepasst an raue Hochgebirgsbedingungen. Langlebig.
Nutzung: Hauptnutzung Fleisch, Wolle/Haare, untergeordnet Landschaftspflege.
Organisation: GEH

Bock 50–60
Mutter 40–50

Bock 40–50
Mutter 30–38

Shetlandinseln

*

Shetland

Kennzeichen: Klein. Crossbred-Wolle. Die Wolle ist weiß, gelegentlich auch beige, grau, schwarz oder braun. Die behaarten Körperteile entsprechen der Wollfarbe. Kurzschwänzig. Kleine waagerecht abstehende Ohren. Die Böcke sind gehörnt, die Muttertiere gewöhnlich hornlos.
Zuchtgeschichte: Bodenständige Rasse der Shetland-Inseln. Ein Zuchtbuch wurde 1926 erstellt; ein Herdbuch gibt es seit 1974. Damit die Rasse nicht durch eine Seuche oder ein anderes tragisches Ereignis verloren geht, wurde in Berwickshire ein Bestand als Genreserve aufgebaut.
Verbreitung: Shetland-Inseln, Berwickshire (Großbritannien).
Leistung: Britische Schafrasse mit der besten Wolle. Vliesgewicht 1,0–1,5 kg. Stapellänge 5–12 cm. Sie wird zu Kleidung und anderen Textilien höchster Qualität verarbeitet. Die Rasse lebt auf den Shetland-Inseln unter dürftigen Verhältnissen. Sie ist anspruchslos, robust und langlebig. Sobald die Lebensbedingungen günstiger sind, entwickelt sie erstaunliche Qualitäten; die Körpergewichte können dann mehr als 50 % höher liegen. Wenn die Tiere im Frühling nicht geschoren werden, wird die Wolle abgestoßen. Das führte früher dazu, dass die Wolle nicht geschoren, sondern zur Zeit des Wollwechsels abgezupft wurde. Die Rasse erinnert in ihrem Verhalten an Wildtiere; sie ist nur schwer mit einem Hund zu hüten.
Nutzung: Hauptnutzung Fleisch, Wolle/Haare.
Organisation: RBST, MAFF, ALBC

Bock 55–60 Mutter 45–50	Bock 35–50 Mutter 30–35	Ostpreußen	**

Skudde

Kennzeichen: Kleinrahmig; kleinste deutsche Schafrasse. Mischwollig. Meist weiß, gelegentlich schwarz; selten braun oder grau. Bei Böcken Mähnenbildung am Unterhals. Kurzschwänzig. Böcke haben ausgeprägte Schnecken, weibliche Tiere hornlos oder mit Hornstummeln.
Zuchtgeschichte: Ursprünglich in Ostpreußen und dem Baltikum. Gehört zur Gruppe der kurzschwänzigen nordischen Heideschafe. Nach dem Ersten Weltkrieg waren die Bestände im Ursprungsgebiet schon stark geschrumpft. Die heutige Zucht geht auf wenige Tiere zurück, die 1941 vom Münchener Tierpark Hellabrunn angekauft wurden. Deren Nachkommen kamen in zahlreiche andere Zoos und gingen später auch in die Landeszucht. Zunächst waren fast alle Tiere weiß. Einzelne Züchter selektierten jedoch die wenigen farbigen Individuen, sodass es jetzt mehrere Farbschläge gibt. 1984 wurde in Frankfurt ein Zuchtverband gegründet. Seitdem deutliche Vermehrung der Bestände.
Verbreitung: Über Deutschland verteilt, insbesondere in Brandenburg. Schweiz.
Leistung: Spätreif. Asaisonal. Ablammquote 130 %, d. h. im Allgemeinen wird nur ein Lamm geboren. Problemloses Ablammen; gute Muttereigenschaften. Jährliche Wollmenge 1,5 bis 2,0 kg. Lebhaft. Robust und anspruchslos. Gut für die Landschaftspflege geeignet. Wildartiger Geschmack des Fleisches.
Nutzung: Hauptnutzung Fleisch, untergeordnet Wolle/Haare, Landschaftspflege, Hobby.
Organisation: GEH

Bock 50–60
Mutter 40

Bock 35–40
Mutter 25

Soay, Äußere Hebriden, GB

*

Soay

Kennzeichen: Klein. Kaum bewollt. Oberseite hell- bis schokoladenbraun, Unterseite falb. Unterkiefer, Umgebung der Augen sowie Fleck unter dem Schwanz aufgehellt. Ohren seitlich abstehend. Kurzer Schwanz. Beide Geschlechter gehörnt.

Zuchtgeschichte: Die Tiere stammen von der Insel Soay, die zur Inselgruppe St. Kilda gehört. Als die letzten Bewohner die Insel verließen, ließen sie ihre Schafe zurück. Die Tiere unterlagen seitdem der natürlichen Selektion. Es gibt Beispiele dafür, dass sich dann Hornbesitz gegenüber Hornlosigkeit und pigmentierte Behaarung gegen weiße durchsetzte. Vermutlich änderte sich auch das Wollkleid in Richtung Behaarung. Das Ergebnis ist ein in Größe, Proportionen, Fortpflanzungsrhythmus dem Mufflon, der wilden Stammform, ähnelndes Tier. Ein Herdbuch gibt es seit 1974.

Verbreitung: Die Insel Soay sowie die Nachbarinsel Hirta, Großbritannien, sowie viele Länder des europäischen Kontinents.

Leistung: Länge der Wolle 5 bis 6 cm. Vliesgewicht 1 bis 2 kg, aber normalerweise werden die Tiere nicht geschoren. Die Wolle wird dann im Frühling abgestoßen. Saisonale Fortpflanzung. Im Allgemeinen wird nur ein Lamm geworfen, doch auch für Zwillinge hat die Mutter genug Milch. Das Fleisch hat einen wildähnlichen Geschmack. Temperamentvoll und leichtfüßig. Anspruchslos. Kaum anfällig für Moderhinke.

Nutzung: Hauptnutzung Landschaftspflege, Hobby, Fleisch.

Organisation: RBST, GEH

Bock 80–90
Mutter 60–70

Bock 100–140
Mutter 80–120

Tirol, A

*

Tiroler Steinschaf

Kennzeichen: Mittelgroß bis groß. Schlichtwollig. Blaugraue Wolle, behaarte Körperteile dunkler. Vor allem in Osttirol kommen auch weiße Tiere vor. Kurze Stehohren. Bewollter Schwanz. Böcke besitzen Schnecken, die weiblichen Tiere sind hornlos.

Zuchtgeschichte: Diese Rasse ging offenbar aus dem Zaupelschaf hervor, das im 19. Jahrhundert in den Ostalpen sowie im Alpenvorland die beherrschende Schafrasse war. Erst um 1900 wird die Bezeichnung „Steinschaf" üblich. Nach dem Ersten Weltkrieg gab es kaum eine geregelte Zucht; das Ergebnis war ein sehr uneinheitliches Aussehen der Tiere. Nach dem zweiten Weltkrieg ging die Zucht stark zurück. Deshalb wandte sich 1969 eine kleine Gruppe engagierter Personen an die Tiroler Landesregierung, diese Rasse als altes Kulturgut zu erhalten. 1973 wurde ein Herdbuch gegründet. 1974 fand die erste Steinschafschau statt. Seitdem nimmt die Zucht eine erfreuliche Entwicklung.

Verbreitung: Österreich; vor allem im Zillertal und in Osttirol. Einige Herdbuchbetriebe in Bayern.

Leistung: Jahreswollmenge 5 bis 6 kg (Böcke) bzw. 4 bis 5 kg (Mutterschafe). Frühreif, asaisonal. Erstzulassung mit acht Monaten möglich. Ablammergebnis 200 %. Hervorragende Lammfleischqualität. Temperamentvoll; in Tirol werden mit den Böcken Kämpfe durchgeführt.

Nutzung: Hauptnutzung Fleisch, Wolle/Haare, Landschaftspflege, Sport.

Organisation: Arche Austria

Bock 70 Mutter 60	Bock 80–90 Mutter 60–70	Nordafrika	**

Tunis

Kennzeichen: Mittelgroß. Cremefarbene bis rötliche Crossbred-Wolle. Die behaarten Körperteile (Kopf und Beine) sind braun. Die Lämmer werden ziegelrot bis gelbbraun geboren. Mittellange Ohren. Beide Geschlechter hornlos.
Zuchtgeschichte: Ende des 18. Jahrhunderts kamen die ersten Fettschwanzschafe in die USA. Sie stammten aus Tunesien, kamen aber vermutlich auch aus anderen Ländern Nordafrikas. Die Schafe fanden weite Verbreitung in Virginia, Georgia sowie Nord- und Südcarolina, aber im Bürgerkrieg, in den 60er Jahren des 18. Jahrhunderts, gingen die meisten Bestände unter. Um die Restbestände zu erhalten, kreuzte man sie mit britischen Schafrassen. Weitere Gründe für diese Einkreuzung waren, die Wollleistung zu verbessern und den Fettschwanz zu korrigieren. Gegenwärtig gibt es die Rasse vor allem im Mittleren Westen sowie im Nordosten der USA. Der Bestand ist gering, es ist aber eine gewisse Aufwärtstendenz festzustellen.
Verbreitung: USA, Kanada.
Leistung: Vliesgewicht 4 bis 6 kg (Böcke) bzw. 4 bis 5 kg (Mutterschafe). Stapellänge 8 bis 12 cm. Asaisonal. Gewöhnlich werden Zwillinge geboren. Gute Muttereigenschaften; milchreich. Die Muttertiere werden teilweise gemolken; die Milch wird zu Feta-Käse verarbeitet. Genügsam, geringe Krankheitsanfälligkeit. Hervorragende Fleischqualität.
Nutzung: Hauptnutzung Fleisch, Wolle/Haare, untergeordnet Milch.
Organisation: ALBC

Bock 81 Mutter 75	Bock 87 Mutter 60	Südtirol, I	***

Villnösser

Brillenschaf

Kennzeichen: Mittlere Größe. Schlichtwollig. Wolle weiß. Beine weiß behaart. Umgebung der Augen sowie äußere Ohrhälfte schwarz. Schmaler Nasenrücken. Ausgeprägte Ramsnase. Lange Hängeohren. Hornlos.

Zuchtgeschichte: Die Rasse ist im 18. Jahrhundert durch Einkreuzung von Bergamaskerschafen und Paduaner in die bodenständigen Schafe der Ostalpen entstanden. Sie ist mit dem Kärntner Brillenschaf (A), dem Lamon (I) und dem Jezersko-solcavska pasma (SLO) verwandt. In Südtirol kommt die Rasse in mehreren Tälern vor, allerdings hauptsächlich in Villnöss. Deshalb entschied man sich bei der Namensgebung für diesen Ort, nachdem zunächst auch andere Namen üblich waren. Zur Blutauffrischung wurden Kärntner Brillenschafe aus Österreich eingekreuzt. Seit 1999 durch eine EU-Verordnung finanziell gefördert. Um die Jahrhundertwende waren ungefähr 900 weibliche Zuchttiere vorhanden. Der Bestand ist seitdem deutlich gestiegen. Das Zuchtbuch wird vom „Südtiroler Kleintierzuchtverein" geführt.

Verbreitung: Täler der Dolomiten sowie Provinz Trient.

Leistung: Vliesgewicht 4 kg (Böcke) bzw. 3 kg (Muttertiere). Asaisonal. Das Erstlammalter beträgt 18 Monate. Zwei Lammungen pro Jahr möglich. Ablammergebnis 170 %. Anpassungsfähig. Harte Klauen; sehr trittsicher. Ausgezeichnete Fleischqualität.

Nutzung: Hauptnutzung Fleisch, Wolle/Haare.

Organisation: Verband der Südtiroler Kleintierzüchter

Bock 60
Mutter 55

Bock 60–70
Mutter 40–50

Rumänien

*****

Walachenschaf

Valaška (tschech.), Valachian (engl.)

Kennzeichen: Klein bis mittelgroß. Mischwolle. Wolle gewöhnlich rein weiß, gelegentlich braun oder grau. Kopf und Beine oft mit Pigmentflecken. Langer, bewollter Schwanz. Böcke stets gehörnt. Nur die Hälfte der Muttern ist gehörnt.
Zuchtgeschichte: Diese Rasse entstand vor vielen Jahrhunderten in Rumänien (Walachei) und kam durch auswandernde Bevölkerungsgruppen nach Tschechien, in die Slowakei und in den Süden von Polen. In einem Buch von 1764 werden ein „wallachischer" Widder sowie das „wallachische Schaf" erwähnt. 1988 kamen einige Zuchttiere aus der Slowakei nach Deutschland. Walachenschafe in der Slowakei wurden zumeist mit Ostfriesischen Milchschafen und Texelschafen gekreuzt. Hier sowie in Tschechien gibt es bei reinrassigen Tieren nur noch Restbestände, doch besteht eine Aufwärtstendenz. Es besteht ein Herdbuch. In Deutschland gibt es gegenwärtig sechs Herdbuchbetriebe.
Verbreitung: Slowakei, Tschechien, Deutschland.
Leistung: Vliesgewicht 4 kg (Böcke) bzw. 2 bis 3 kg (Muttern). Spätreif. Saisonale Fortpflanzung. Gewöhnlich Einlinge. Walachenschafe werden gelegentlich gemolken; die durchschnittliche Milchleistung beträgt 100 kg pro Jahr. Temperamentvoll. Genügsam und widerstandsfähig. Gut in der Landschaftspflege einsetzbar.
Nutzung: Hauptnutzung Fleisch, Landschaftspflege, untergeordnet Wolle/Haare, Hobby.
Organisation: GEH, SAVE

↕ Bock 65–75 Mutter 60–65	Bock 60–80 Mutter 40–60	Bayerischer Wald, D	⚠ ****

Waldschaf

Bavarian Forest (engl.)

Kennzeichen: Kleines, feingliedriges Schaf. Mischwollig. Im Allgemeinen weiß, doch kommen auch schwarze, graue, braune sowie gelegentlich gescheckte Tiere vor. Ohren klein und nahezu waagerecht abstehend. Bewollter Schwanz. Es kommen sowohl gehörnte als auch hornlose Tiere vor.
Zuchtgeschichte: Über Jahrhunderte gab es in Bayern, Österreich und dem heutigen Tschechien ein kleines, anspruchsloses, mischwolliges Schaf: das Zaupelschaf. Diese Rasse wurde schon im 19. Jahrhundert weitgehend verdrängt. Sie kam nur noch vereinzelt im Bayerischen Wald vor. Der Name Zaupelschaf geriet in Vergessenheit; ein Zuchtbuch gab es früher nicht. Einige Züchter im Bayerischen Wald hielten Kreuzungen und wohl auch etliche reinrassige Tiere. Man nannte sie dort „Waldschafe". Auf diese Restbestände wurde in den 80er Jahren Dr. Reiner Seibold aufmerksam. Er kaufte Tiere auf und schuf einen Rassestandard. Hilfreich war der Zukauf von rassetypischen Tieren 1988 aus dem heutigen Tschechien. Seit jenem Jahr existiert auch ein Herdbuch. Von der Bayerischen Regierung wird der Erhalt dieser Rasse finanziell gefördert.
Verbreitung: Vorwiegend in Bayern, aber auch in Österreich sowie der Tschechischen Republik.
Leistung: Asaisonal. Meist drei Geburten in zwei Jahren. Die Fruchtbarkeit beträgt ca. 180 %. Leichtfuttrig, robust und wetterhart. Gute Muttereigenschaften.
Nutzung: Hauptnutzung Fleisch, Landschaftspflege, untergeordnet Hobby.
Organisation: GEH, Arche Austria

Bock 75–85 Mutter 70–76	Bock 80–100 Mutter 65–85	Oberwallis, CH	*

Walliser Schwarznasenschaf

Valais Blacknose (engl.)

Kennzeichen: Mittel- bis großrahmig. Schlichtwollig. Wolle weiß. Kopf schwarz. Der behaarte Teil des Kopfes sowie die Ohren sind schwarz. Die Beine sind überwiegend weiß; schwarze Behaarung über den Klauen; Carpal- und Sprunggelenk sind ebenfalls schwarz. Kurzköpfig. Beide Geschlechter korkenzieherartige, spiralige Hörner.

Zuchtgeschichte: Die Rasse geht auf bodenständige Schafe des Wallis zurück, in die im 19. Jahrhundert verschiedene englische Rassen eingekreuzt wurden. Der jetzige Name wird 1884 zum ersten Mal erwähnt. Damals und bis weit in das 20. Jahrhundert hinein unterschied man drei Schläge: a) das schwarznasige, gehörnte Vispertalerschaf, b) das schwarzwollige, ebenfalls gehörnte Lötschschaf, sowie c) das rotbraune, hornlose Bagnerschaf. b) und c) starben aus. Später erscheinen beim Walliser Schwarznasenschaf immer wieder Einzeltiere im Typ des Lötsch- und des Bagnerschafes. Ein Herdbuch wurde erst 1950 gegründet.

Verbreitung: Vorwiegend im Oberwallis. Einige Bestände in der übrigen Schweiz. Zunehmende Nachfrage im Ausland (Österreich, Deutschland).

Leistung: Spätreif. Asaisonal. Vliesgewicht 4 bis 5 kg (Böcke) bzw. 3 bis 4 kg (Muttern). Ablammergebnis 150 bis 170 %. Gute Milchleistung. Gut an hochgelegene Alpweiden angepasst. Klettertüchtig und robust. Standorttreu.

Nutzung: Hauptnutzung Fleisch, Wolle/Haare, Landschaftspflege.

Organisation: PRO SPECIE RARA

Bock 65–70 Mutter 60–65	Bock 70–80 Mutter 40–50	Niedersachsen	****

Weiße Gehörnte Heidschnucke

White Horned Heath (engl.)

Kennzeichen: Kleinrahmig. Mischwollig. Bewollte und behaarte Körperteile sind weiß. Kurzer, behaarter Schwanz. Gehörnt.
Zuchtgeschichte: Die Heidschnucke gilt als eine der ältesten Schafrassen Europas; sie ist der Inbegriff einer alten Landrasse. Bis Ende des 19. Jahrhunderts waren Schnuckenherden nicht einheitlich: Die meisten Tiere waren grau, doch es gab auch weiße. Im Allgemeinen hatten Schnucken Hörner, es kamen jedoch auch hornlose Tiere vor. Erst Anfang des vergangenen Jahrhunderts wurden graue von weißen und gehörnte von hornlosen getrennt. Ein Herdbuch für Schnucken wurde erst 1936 eingerichtet. 1949 gründete man den Verband Lündeburger Heidschnuckenzüchter e. V. Von diesem Zeitpunkt an gilt die Weiße Gehörnte Heidschnucke als eigenständige Rasse. Auch in den Zeiten des Niedergangs vieler Rassen blieb die Zahl der Herdbuchbestände; doch die Herden wurden kleiner. 1989 gab es nur noch 160 Herdbuchtiere.
Verbreitung: Vor allem im Weser-Ems-Gebiet, doch bedeutende Zuchten auch in anderen Teilen Deutschlands.
Leistung: Die jährliche Wollmenge beträgt 3 bis 4 kg (Böcke) bzw. 2 bis 3 kg (Muttern). Saisonal. Ablammergebnis 120 %, d. h. es wird selten mehr als ein Lamm geboren. Harte Klauen. Widerstandsfähig und anspruchslos.
Nutzung: Hauptnutzung Fleisch, untergeordnet Wolle/Haare, Landschaftspflege, Hobby.
Organisation: GEH

Bock 55–65 Mutter 50–55	Bock 65–75 Mutter 40–50	Diepholzer, Nienburger Feuchtgebiete	**

Weiße Hornlose Heidschnucke

Moorschnucke, White Polled Heath (engl.)

Kennzeichen: Kleinwüchsig, grazil, recht langbeinig. Mischwollig. Bewollte und behaarte Körperteile weiß. Schwanz behaart. Hornlos.

Zuchtgeschichte: Ging aus der Heidschnucke hervor, die im 19. Jahrhundert grau oder weiß sowie gehörnt oder hornlos war. Im Verlauf der ersten Hälfte des 20. Jahrhunderts kristallisierten sich in den Landkreisen Diepholz, Nienburg und Rotenburg immer mehr die weiße hornlose Variante heraus. Für die ehemals reichlichen Bestände begann der Niedergang in der Nachkriegszeit. Wesentlichen Impuls zur Aufwertung der Restbestände war die Tatsache, dass Torfgewinnung und die damit verbundene Absenkung des Grundwasserspiegels den Charakter der Moore veränderten. Um die Verbuschung zurückzudrängen, führte Jan Teerling, Sülingen wieder die früher dort heimische Weiße Hornlose Heidschnucke ein, der er den Namen „Moorschnucke" gab.

Verbreitung: Schwerpunktmäßig in Niedersachsen, doch auch in fast allen anderen deutschen Bundesländern.

Leistung: Jährliche Wollmenge 2 bis 3 kg. Saisonale Brunst. Ablammergebnis 120 %. Gut an ein Leben im Moor angepasst. Anspruchslos in der Ernährung; frisst bevorzugt Laub, kann jedoch auch auf Grasweide gehalten werden. Lebhaft und behende; sehr geschickt in schwierigem Gelände.

Nutzung: Hauptnutzung Landschaftspflege, Fleisch, Wolle/Haare.

Organisation: GEH

Bock 80–85 Mutter 70–75	Bock 80–100 Mutter 60–70	Alpen	*

Weißes Bergschaf

Kennzeichen: Mittelgroß bis groß. Schlichtwollig. Lange, breite Hängeohren. Leicht ramsnasig. Kräftige Beine. Hornlos.
Zuchtgeschichte: Um 1700 durch Einkreuzung von Bergamaskerschafen in das bodenständige Schaf entstanden. Zentrum der Zucht war das Werdenfelser Land (Oberbayern). Hier wurde 1923 der erste Bergschafzuchtverein gegründet. Seit 1938 als eigenständige Rasse anerkannt. In den 70er Jahren des vergangenen Jahrhunderts wurden in allen an den Alpen beteiligten bayerischen Landkreisen Schafhaltervereinigungen gegründet. Seit ungefähr 1980 hält sich der Bestand annähernd auf gleicher Höhe. 2004 gab es in 43 Zuchtbetrieben 62 Böcke und 1061 weibliche Zuchttiere. Der Bayerische Staat fördert die Haltung mit einer Prämie von € 15,00 für jedes im Zuchtbuch eingetragene Mutterschaf und jeden Zuchtbock. Wichtigste bayerische Schafrasse. Unterscheidet sich deutlich vom Tiroler Bergschaf.
Verbreitung: Vor allem Südbayern, Deutschland.
Leistung: Jahreswollmenge 5 bis 6 kg (Böcke), bzw. 4 bis 5 kg (Muttern) bei zweimaliger Schur. Frühreif. Asaisonal. Hohe Fruchtbarkeit. Zweimalige Lammung im Jahr möglich. Ablammergebnis nahezu 200 %. Beste Muttereigenschaften. Tägliche Zunahmen der Lämmer 250 bis 300 g. Robust und anspruchslos; alpfähig. Kommt gut mit hohen Niederschlägen zurecht.
Nutzung: Hauptnutzung Fleisch, Wolle/Haare.
Organisation: GEH

↕ Bock 89 Mutter 82	Bock 120–135 Mutter 90–100	Yorkshire, GB	⚠ *

Wensleydale

Wensleydale Longwool (engl.)

Kennzeichen: Groß. Die Wolle ist weiß. Behaarte Körperteile des Kopfes sowie nicht bewollte Teile der Beine sind blau. Schaupe; auch Backen bewollt. Beide Geschlechter hornlos.

Zuchtgeschichte: Die Rasse stammt aus dem Norden von Yorkshire. Sie wurde Anfang des 19. Jahrhunderts erzüchtet und ist der Nachkomme eines dort schon vor langer Zeit ausgestorbenen bodenständigen Typs. Im Norden von Lancashire und Teilen von Westmorland wurde diese Rasse Ende der 20er Jahre des vergangenen Jahrhunderts noch als „Teeswater" bezeichnet. Dieser Name gibt einen Hinweis auf die Abstammung. Der 1839 geborene Bock „Beneca" soll die Rasse wesentlich geprägt haben. Er hatte einen dunkelblauen Kopf und eine glänzende Wolle. 1890 gründete man eine Zuchtorganisation mit dem Namen „Wensleydale Longwool Sheep Breeders' Association". Gelegentlich auftretende schwarze und graue Lämmer werden von der Zucht ausgeschlossen. In den 70er Jahren des vergangenen Jahrhunderts starker Rückgang der Bestände.

Verbreitung: England.

Leistung: Langwollrasse. Beste Wollqualität. Die Wolle hängt lockig gezwirbelt herab. Die Jahreswollmenge beträgt 4 bis 7 kg. Das Vlies ist 20 bis 30 cm lang. Die Wolle wird häufig als Mohair-Ersatz genommen. Ablammrate 200 %. Die Lämmer wachsen rasch, weil die Mütter viel Milch geben.

Nutzung: Hauptnutzung Fleisch, Wolle/Haare, Hobby.

Organisation: RBST

Bock 75–80 Mutter 70–75	Bock 90–100 Mutter 60–70	Nordengland	*

Whitefaced Woodland

Woodland Whiteface (engl.), Penistone (engl.)

Kennzeichen: Groß. Weiße Wolle. Behaarte Körperteile (Kopf und Beine) weiß oder hellgrau. Kräftige Beine. Langer Schwanz. Beide Geschlechter gehörnt.
Zuchtgeschichte: Entstand im 18. Jahrhundert in Derbyshire unter Beteiligung von Merinos durch den Herzog von Devonshire. Der Name Woodland stammt aus einer Region mit diesem Namen in Derbyshire. Im 19. Jahrhundert wurde die Rasse sehr geschätzt. Während jener Zeit wurde Cheviot eingekreuzt. Diese Rasse war das übliche Schaf auf den Hügeln zwischen Manchester und Sheffield, ohne dass es in irgendeiner Weise zu einer Organisation gekommen wäre. Doch schon Ende des Jahrhunderts insbesondere aber nach dem Ersten Weltkrieg nahmen die Bestände ab. Während der 60er Jahre des vergangenen Jahrhunderts drohte die Rasse auszusterben. 1971, nach einer Pause von 20 Jahren, wurde Whitefaced Woodland wieder auf der Penistone Show ausgestellt. Dies geschah unter der Leitung des „Rare Breeds Survival Trust“.
Verbreitung: England, Schottland, Wales.
Leistung: Das Vliesgewicht beträgt 2 bis 3 kg. Guter Futterverwerter. Fruchtbar. Ablammrate 175 %. In der Ablammperiode sind häufige Kontrollen erforderlich. Milchreiche Muttertiere. Langlebig. Einzelne Muttertiere lammen noch mit elf oder zwölf Jahren.
Nutzung: Hauptnutzung Fleisch, Wolle/Haare.
Organisation: RBST

Bock 83
Mutter 75

Bock 110–126
Mutter 70–75

Wiltshire,
Südwestengland

*

Wiltshire Horn

Kennzeichen: Groß. Ohne Wolle. Vollständig weiß. Kräftiger Körperbau, Langbeinig. Ältere Böcke besitzen an der Halsunterseite eine Mähne. Beide Geschlechter sind gehörnt.

Zuchtgeschichte: Die Rasse stammt vom alten Wiltshire Horn ab, das ausgestorben ist und wegen seiner Wolle berühmt war. Um 1800 wurden Merinoschafe aus Spanien in der Grafschaft Wiltshire zur Zucht eingesetzt. Dies war die Folge einer größeren Nachfrage nach Wolle. Damit war der Niedergang der Rasse eingeleitet, und sie kam schließlich nur noch in Northhamptonshire, dessen Umgebung sowie dem Norden vom Wales vor. 1923 wurde eine Zuchtgemeinschaft gegründet. Wiltshire Horn wird in Deutschland seit 1995 mit verschiedenen Haarschafrassen gekreuzt. Das Ergebnis ist „Nolana", eine Fleischrasse, bei der das Scheren entfällt, weil die Wolle abgestoßen wird.

Verbreitung: England, Wales, Deutschland, Neuseeland.

Leistung: Wiltshire Horn besitzt Haare von nur wenigen Zentimeter Länge. Die Tiere werden deshalb nicht geschoren; die kurze Wolle wird im Frühling abgestoßen. Wenig anfällig für Ektoparasiten. Ablammrate im Mittel 180 %. Leichte Geburten, vitale Lämmer. Durchschnittliches Geburtsgewicht der Lämmer 5 kg. Die weiblichen Tiere sind gute Mütter: sie sind milchreich und beschützen ihre Lämmer. Die Ausschlachtung liegt bei 50 %.

Nutzung: Hauptnutzung Fleisch.

Organisation: RBST

Bock 60–70 Mutter 50–60	Bock 50–60 Mutter 40–45	Westasien	*

Zackelschaf

Racka (ung.), Hungarian Zackel (engl.)

Kennzeichen: Klein. Mischwollig. Es gibt zwei Farbvarianten: schwarz und weiß. Bei ersteren sind bewollte und behaarte Körperteile schwarz. Lämmer haben ein schwarzes, gekräuseltes Fell. Bei der zweiten Variante ist die Wolle weiß, Kopf und Beine sind rotbraun. Die Lämmer dieser Farbvariante werden hell- bis dunkelbraun geboren. Langer bewollter Schwanz. Kleine, waagerecht abstehende Ohren. Beide Geschlechter sind gehörnt. Die Hörner sind gestreckt und spiralig gedreht.
Zuchtgeschichte: Es wird angenommen, dass diese Rasse schon im 9. Jahrhundert mit den ungarischen Einwanderern in das jetzige Verbreitungsgebiet kam. Bis zum 18. Jahrhundert waren Zackelschafe die in Ungarn dominierende Rasse. Ein Herdbuch gibt es seit 1800. Nachdem die Bestände seit Mitte des 20. Jahrhunderts drastisch zusammenbrachen, wurden einige Herden in staatliche Obhut genommen, kleine Bestände befinden sich in Privatbesitz.
Verbreitung: Ungarn, Österreich, Deutschland.
Leistung: Vliesgewicht 4 bis 5 kg (Bock) bzw. 3 kg (Mutter). Saisonale Fortpflanzung. Ablammergebnis 120 %. Tägliche Gewichtszunahmen der Lämmer 220 g. Häufig werden Mutterschafe die ersten 100 Tage nach der Geburt gemolken. Die Jahresmilchmenge beträgt 50 bis 70 l mit 7,9 % Fett und 6,0 % Eiweiß. Wildartiger Geschmack des Fleisches.
Nutzung: Hauptnutzung Wolle/Haare, Fleisch, Milch.
Organisation: Arche Austria, OMMI

Bock 85
Mutter 77

Bock 100–120
Mutter 80–90

Niederlande

*

Zwartbles

Black Blazed Sheep (engl.), Zwartblesschapen (holl.)

Kennzeichen: Großrahmig. Crossbred-Wolle. Schwarzbraune Wolle (die Spitzen älterer Wolle braun). Breite Blässe vom Maul bis zur Stirn. Untere Schwanzhälfte weiß. Weiß über den Klauen aller vier Beine. Gerader Nasenrücken, Stehohren. Langer, bewollter Schwanz. Beide Geschlechter hornlos.

Zuchtgeschichte: Diese Rasse entstand um 1920 aus einer Kreuzung von Schoonebeker, Texel und Friesischen Milchschafen. Dieser Ursprung ist heute noch an ihrem Typ erkennbar. Durch ihr attraktives Aussehen und ihre Wirtschaftlichkeit hat die Rasse sowohl in den Niederlanden als auch einigen Nachbarstaaten Freunde gefunden. Die Frage nach der Zuchtrichtung ist noch nicht ausdiskutiert. Es gibt eine Züchtervereinigung. In den unten genannten Ländern gibt es Herdbücher.

Verbreitung: Niederlande. In Deutschland gibt es gegenwärtig neun Herdbuchbetriebe. Großbritannien.

Leistung: Crossbred-Wolle; Vliesgewicht 4 kg. Es besteht große Nachfrage nach der farbigen Wolle. Gut bemuskelt. Asaisonale Fortpflanzung. Erstzulassung mit 7 bis 8 Monaten möglich. Hohe Fruchtbarkeit. Ablammergebnis 200 %. Leichte Geburten. Milchreiche Mutterschafe. Die Böcke werden bei anderen Rassen erfolgreich zur Erzeugung wüchsiger Lämmer eingesetzt.

Nutzung: Hauptnutzung Fleisch, Wolle/Haare.

Organisation: SZH

Bock 75 Geiß 70	Bock 65 Geiß 45–50	Appenzell, CH	**

Appenzeller

Appenzell (engl.), Zürcher Ziege

Kennzeichen: Großrahmig. Mittellanges Haar. Weiß. Ursprünglich hornlos, heute zunehmend gehörnt.
Zuchtgeschichte: Hat sich im 19. Jahrhundert aus bodenständigen Ziegen entwickelt. Zuchtziele waren damals hohe Milchleistung sowie Hornlosigkeit. Das lange Haarkleid entsprach nicht der damaligen Vorstellung von einer „Edelziege". Dennoch war schon Ende des 19. Jahrhunderts die Nachfrage im Ausland (insbesondere Deutschland) sehr groß. 1902 wurde eine Zuchtgenossenschaft gegründet, um die weiße, ungehörnte Appenzeller Ziege reinblütig weiter zu erhalten und zu veredeln. Sie wird oft mit der Zürcher Ziege zusammengefasst, die ihr ähnlich ist, jedoch mehr der Saanenziege gleicht. Der Gesamtbestand betrug wenig später 5000 Tiere. Einen Tiefpunkt erreichte die Rasse 1936 mit 406 Herdebuchtieren, danach stetiger Aufschwung. 2005 umfasste der Bestand 1139 Tiere. 1927 beteiligten sich zum ersten Mal Züchter an der Milchleistungsprüfung. Es besteht ein Herdbuch. Die Rasse macht ca. 5 % der Schweizer Ziegen aus.
Verbreitung: Schweiz, insbesondere die beiden Halbkantone Innerrhoden und Außerrhoden sowie St. Gallen. Deutschland.
Leistung: Die durchschnittliche Jahresmilchmenge älterer Geißen liegt über 800 kg mit 2,9 % Fett und 2,7 % Eiweiß. Zickleinfleisch. Häute.
Nutzung: Hauptnutzung Milch, untergeordnet Fleisch.
Organisation: PRO SPECIE RARA

Bock 65–70
Geiß 60–65

Bock 70–80
Geiß 50–60

Baskenland, E

**

Azpi Gorri

Kennzeichen: Mittelgroß. Die Grundfarbe ist schwarz. Rotbraun sind folgende Körperteile: Unterseite des Rumpfes, unterer Teil der Beine, Unterseite des Schwanzes, Region am After und Scheide, Umgebung des Maules sowie ein Streifen von der Hornbasis zum Maulwinkel. Breite Stirn. Eingedellte Profillinie bei den Geißen, fast gerade Profillinie bei den Böcken. Auch die weiblichen Tiere besitzen oft einen kleinen Bart. Die mittellangen Ohren werden meist waagerecht getragen. Die Geißen haben einen schlanken, die Böcke einen stark bemuskelten Hals. Tiefe Brust; langes, wenig geneigtes Becken. Kräftiger Rücken. Die Geißen haben ein seidiges Haarkleid; das Fell der Böcke ist gröber. Meist gehörnt.
Zuchtgeschichte: Sie gehört den Pyrenäen-Rassen an und ist eine alte, bodenständige Form des Baskenlandes. Es gibt ein Herdbuch, in das im Jahr 2001 nur 25 Geißen eingetragen waren. Es sind nur wenige reinrassige Bestände vorhanden, die allerdings seit einigen Jahren nicht geringer werden. Der Name „Azpi-Gorri" stammt aus der Sprache der Basken. Er bedeutet „die Rotbäuchigen".
Verbreitung: Baskenland/Spanien.
Leistung: Genügsam und anspruchslos. Gut an extreme klimatische Bedingungen und Ernährungssituationen angepasst. Sie werden wegen der Milch und des Fleisches, besonders von den Zicklein, gehalten.
Nutzung: Hauptnutzung Fleisch, Milch.
Organisation: Asociacion Euskal Abereak

Bock 50 Geiß 45	Bock 40–50 Geiß 30–40	Staffordshire, Mittelengland	*****

Bagot-Ziege

Bagot (engl.)

Kennzeichen: Mittelgroß. Langhaarig. Kopf und Hals schwarz, der übrige Körper weiß. Gelegentlich Pigmentflecken am Rumpf und Blässe. Gehörnt.

Zuchtgeschichte: Die Geschichte dieser markant gefärbten Rasse lässt sich bis ins 14. Jahrhundert zurückverfolgen. Es wird vermutet, dass sie von der Walliser Schwarzhalsziege abstammt; diese Annahme ist allerdings sehr fragwürdig. Nach einer anderen Version soll sie auf Tiere zurückgehen, die Kreuzritter aus dem Nahen Osten mitbrachten. Ihren Namen hat diese Rasse vom Bagot's Park (Eigentümer: Lord Bagot) in Blithfield in der Grafschaft Staffordshire. Von dort stammen alle heute vorhandenen Bestände ab. Die Bagot-Ziege ist eine von zwei britischen Nutztierrassen, die nach einer bestimmten Familie benannt wurden. In geringem Umfang später Einkreuzung von Walliser Schwarzhalsziegen. Ein Herdbuch gibt es seit 1974.

Verbreitung: England, Wales.

Leistung: Die Rasse entspricht durchaus nicht dem vor gut einem Jahrhundert formulierten Zuchtziel einer Edelziege: sie ist gehörnt, langhaarig und liefert eine nur geringe Milchmenge. Die Bagot-Ziege wird deshalb auch nicht gemolken. Sie besticht durch ihr ungewöhnliches Aussehen. Allein der Schlachtkörper und der Verkauf von Zicklein haben einen wirtschaftlichen Nutzen.

Nutzung: Hauptnutzung Hobby, untergeordnet Fleisch.

Organisation: RBST

Bock 75–85 Geiß 70–80	Bock 65–75 Geiß 45–55	Kanton Graubünden, CH	**

Bündner Strahlenziege

Strahlenziege, Bündner Ziege

Kennzeichen: Großrahmig. Kurzhaarig. Anthrazitfarben bis schwarz. Cremefarben sind folgende Körperteile: Streifen von der Hornbasis zum Maul (daher der Name), Umgebung des Maules, Unterbeine, Umgebung von After und Scheide sowie Schwanzunterseite. Gehörnt.
Zuchtgeschichte: Ist aus Lokalschlägen im Kanton Graubünden hervorgegangenen. Ein Herdbuch gibt es seit 1935. Die Rasse war besonders vom Rückgang der Ziegenzucht ab 1970 betroffen. Um Inzucht zu vermeiden wurden zunächst Böcke der ähnlich aussehenden Rasse „British Alpine" geholt. Später wurde auch die französische Rasse „Poitevine" eingekreuzt. Die Strahlenziege war eine der sieben Schweizer Ziegenrassen, die die „Rassebereinigung" 1938 überlebten. Sie war dennoch Ende des vergangenen Jahrhunderts fast ausgestorben. Die Bündner Strahlenziege macht ca. 5,4 % des Schweizer Ziegenbestandes aus.
Verbreitung: Zwei Drittel des Gesamtbestandes im Kanton Graubünden. Größere Tierzahlen im Tessin und Kanton Bern. Ansonsten über die Schweiz verteilt. Deutschland.
Leistung: Jahresmilchleistung über 600 kg mit 3,5 % Fett, 3,1 % Eiweiß und 4,6 % Laktose. Gute Fruchtbarkeit. Robuste und bewegungsfreudige Gebirgsziege. Sie ist sehr anhänglich und baut eine intensive Beziehung zum Betreuer auf.
Nutzung: Hauptnutzung Milch, Fleisch.
Organisation: PRO SPECIE RARA

Bock 80–85
Geiß 70–75

Bock 60–70
Geiß 45–55

Niederlande

*

Bunte Holländische Ziege

Bonte Geit (holl.), Dutch Pied (engl.), Holländer Schecken

Kennzeichen: Mittelgroß. Kurzhaarig. Es kommen viele verschiedene Färbungen vor: am häufigsten sind Schecken, wobei die Pigmentierung hellbraun, grau oder schwarz sein kann. Gewöhnlich gehörnt.

Zuchtgeschichte: Ursprünglich gab es in den Niederlanden kaum Ziegen. Diese Rasse entstand in den Provinzen Seeland und Südholland zwischen 1912 und 1920 durch Einkreuzung von Saanenziegen und Toggenburgerziegen in einen Landschlag. Es sollen auch Weiße Deutsche Edelziegen aus Rheinhessen beteiligt gewesen sein. Durch den Einfluss der Schweizer Rassen ist die Bunte Holländische Ziege deutlich größer und in ihrer Leistung verbessert worden. In den 40er Jahren des vergangenen Jahrhunderts wurden erneut Toggenburger eingekreuzt. Allerdings sind jetzt Merkmale, die auf diese Rasse hindeuten, unerwünscht. 1980 wurde ein Herdbuch eröffnet. Die Rasse ist jetzt in ihren Eigenschaften sehr gefestigt.

Verbreitung: Niederlande, Belgien, Deutschland.

Leistung: Frühreif und fruchtbar. In der Regel werden Zwillinge geboren. Die Milchleistung liegt bei 700 bis 800 kg mit 3,2 % Fett und 2,8 % Eiweiß. Anspruchslos und widerstandsfähig. Wenig krankheitsanfällig.

Nutzung: Hauptnutzung Milch, untergeordnet Fleisch.

Organisation: SZH

↕ *Bock 75–80 Geiß 70–75*	*Bock 65–73 Geiß 50–60*	*Erzgebirge, D*	⚠ ***

Erzgebirgsziege

Kennzeichen: Mittelgroß. Rotbraun. Schwarzer Aalstrich. Bauch und Unterbeine schwarz. Häufig schwarze Gesichtsmaske. Dunkle Klauen. Hornlos.

Zuchtgeschichte: Geht auf bodenständige Ziegen im Erzgebirge zurück. Ende des 19. Jahrhunderts wurden Tiere des farbgleichen „Greyerzer Schlages" eingekreuzt. 1895 bildete sich der „Verband zur Zucht der rehfarbenen Erzgebirgsziege". Anfang des 20. Jahrhunderts kamen auch Ziegen aus dem Harz. Um ein einheitliches Zuchtziel durchzusetzen wurden 1909 in Sachsen die „Grundsätze für die Gewährung von Prämien zur Förderung der Ziegenzucht ..." erlassen. Trotz Zusammenfassung aller farbigen Ziegenschläge ab 1928 blieb die Erzgebirgsziege unabhängig. Da jedoch nach der politischen Wende Frankenziegen sowie Gämsfarbige Gebirgsziegen aus der Schweiz eingekreuzt wurden, verlor sie weitgehend ihre genetische Eigenständigkeit. Aus Restbeständen wurde eine Population aufgebaut, die jedoch meist als Teil der Bunten Deutschen Edelziege gilt.

Verbreitung: Vor allem in Sachsen. Kleinere Zuchtgruppen in den angrenzenden Bundesländern.

Leistung: Die Jahresmilchmenge beträgt 800 bis 1000 kg bei hohem Fettanteil. Frühreif; gute Fruchtbarkeit. Tägliche Zunahmen der Zicklein 200 g. Das Fleisch der Zicklein ist eine Delikatesse. Landschaftspflege.

Nutzung: Hauptnutzung Milch, Fleisch, untergeordnet Landschaftspflege.

Organisation: GEH

↕ Bock 80 Geiß 75	Bock 65 Geiß 45	Schweiz	⚠ *

Gämsfarbige Gebirgsziege

Chamousée des Alpes (franz.), Camosciata delle Alpi (ital.)

Kennzeichen: Großrahmig. Rotbraun mit schwarzer Rumpfunterseite und schwarzen Beinen. Der Kopf ist mehr oder weniger schwarz. Schwarzer Aalstrich entlang der Rückenmitte. Man unterscheidet zwei Schläge: Den gehörnten Bündner-Typ sowie den Hornlosen Brienzer-Oberhasli-Typ.

Zuchtgeschichte: Die Schläge entwickelten sich im 19. Jahrhundert aus bodenständigen Ziegen. Schon gegen Ende des Jahrhunderts bestand im Ausland eine rege Nachfrage nach Tieren dieser Rasse. 1900 wurde ein Herdbuch gegründet. Der hornlose Typ verdrängte zunehmend den gehörnten. Heute ist letzterer weitgehend verschwunden. In der Zucht werden auch Böcke aus Frankreich eingesetzt. Die Rasse macht rund 20 % der Schweizer Ziegen aus.

Verbreitung: Zentren der Zucht sind einerseits Graubünden, andererseits die Kantone Bern und Freiburg.

Leistung: Die durchschnittliche Milchleistung bei einer Laktationsdauer von 271 Tagen liegt bei 700 kg mit 3,4 % Fett und 3,1 % Eiweiß. Sehr gute Geißen erbringen pro Laktation über 1000 kg Milch. Damit ist die Gämsfarbige Gebirgsziege eine der leistungsfähigsten Rassen überhaupt. Einträglich ist der Verkauf von Zicklein. Dank ihrer guten Hitze- und Kältetoleranz bewährt sie sich sowohl im Berg- als auch im Flachland.

Nutzung: Hauptnutzung Milch, Fleisch, untergeordnet Hobby.

Organisation: PRO SPECIE RARA

↕	*Bock 75–85* *Geiß 65–75*	⚖	*Bock 70–75* *Geiß 60–65*	🌐	*Sizilien, I*	⚠	***

Girgentana

Agrigento (ital.)

Kennzeichen: Groß. Langhaarig. Weiß bis cremefarben mit gelb- oder rotbraunen Flecken am Kopf und oft auch am Hals. Auffallend kräftige, gestreckte bis zu 50 cm lange Hörner, die nach oben zeigen.

Zuchtgeschichte: Bodenständige Rasse aus der westlichen Hälfte von Sizilien, und zwar im wesentlichen in den Provinzen Agrigento (Girgenti) sowie Potenza und Salerno. Wegen der von allen anderen Ziegenrassen abweichenden Hornform wird vermutet, dass Girgentana von der asiatischen Schraubenhornziege, dem Markhor, abstammt. Hier scheint jedoch eine nur zufällige Übereinstimmung vorzuliegen. 1958 gab es auf Sizilien noch 37 000 Tiere. Nachdem die Rasse vorübergehend stark von mitteleuropäischen Hochleistungsrassen zurückgedrängt wurde, steigen die Bestände jetzt langsam wieder an. Ein Herdbuch gibt es seit 1976.

Verbreitung: Sizilien. Wegen der skurrilen Hornform häufig in zoologischen Gärten Mitteleuropas.

Leistung: Die Jahresmilchmenge beträgt 450 kg, kann aber bei günstigen Voraussetzungen auch auf 700 kg steigen, mit 4,7 % Fett und 4,2 % Eiweiß. Girgentana wird auch wegen des Fleisches gehalten. Das Abzickelergebnis liegt bei 190 %, das heißt, es werden fast regelmäßig Zwillinge geboren. Anspruchslos und widerstandsfähig.

Nutzung: Hauptnutzung Milch, Fleisch, Hobby.

Organisation: SAVE

Bock 60–70
Geiß 50–60

Bock 55
Geiß 45

Kanalinsel
Guernsey, GB

***

Golden Guernsey

Kennzeichen: Mittelgroß. Teils lang-, teils kurzhaarig. Goldgelb bis bronzefarben und rotbraun. Gelegentlich weiße Abzeichen, zum Beispiel Blässe. Stehohren. Gehörnt.
Zuchtgeschichte: Die Rasse hat ihren Ursprung auf der Kanalinsel Guernsey. Möglicherweise geht die dortige Population auf mediterrane Importe zurück. Auf jeden Fall war die Anglo-Nubische Ziege beteiligt. Golden Guernsey wurde 1826 zum ersten Mal erwähnt. In einem Buch über Ziegen, das um 1900 in mehreren Auflagen erschien, wird die Rasse allerdings nicht erwähnt. Die „British Goat Society" wurde zwar schon 1879 gegründet; sie förderte aber allgemein die Zucht leistungsfähiger Ziegen, nicht die von anderen Rassen. Zwischen 1920 und 1950 mehrfach Einkreuzung von Saanenziegen und anderen Schweizer Rassen. Erst 1965 kam sie auf das britische Festland. Hier wurde 1967 der „English Golden Guernsey Club" gegründet. Die englische Variante unterscheidet sich genetisch und im Aussehen vom ursprünglichen Typ. Sie ist eine der beiden einzigen bodenständigen britischen Ziegenrassen. Es besteht ein Herdbuch.
Verbreitung: Insel Guernsey, Südengland.
Leistung: Üblicherweise werden die Geißen nicht gemolken, sondern sie ziehen ihre Zicklein auf. Durchschnittliche Jahresmilchmenge ungefähr 500 kg, 4,1 % Fett und 3,0 % Eiweiß.
Nutzung: Hauptnutzung Hobby, Fleisch.
Organisation: RBST, ALBC

Bock 75–85 Geiß 70–80	Bock 60–70 Geiß 50–60	Harz, D	**

Harzziege

Bunte Deutsche Edelziege, Farbrichtung Harzziege

Kennzeichen: Großrahmig. Der Grundton ist im Allgemeinen ein sattes Rotbraun. Die Unterseite des Rumpfes ist hell. Sie ist vom Rotbraun des übrigen Rumpfes durch einen schwarzen Streifen getrennt. Deutlich abgesetzter Aalstrich; Beine schwarz geschient. Häufig dunkle Gesichtsmaske. Sowohl gehörnt als auch hornlos.
Zuchtgeschichte: 1900 wurde der Harzziegenzuchtverein Goslar gegründet. Erst damals wurde begonnen, einen einheitlichen Typ herauszuzüchten. Kreuzte man bis dahin Ziegen aus allen möglichen Gegenden ein, so beschränkte man sich jetzt auf bestimmte Herkünfte. Zuchtziel war eine hornlose, rehfarbene Ziege mit hoher Milchergiebigkeit und großer Widerstandsfähigkeit gegen Witterungseinflüsse und Krankheiten. 1928 beschloss man, alle farbigen Ziegenrassen unter die Bezeichnung „Bunte Deutsche Edelziege" zusammenzufassen. So ging die Harzziege vorübergehend verloren. Erst in den letzten 20 Jahren wurde aus Restbeständen und typischen Einzeltieren wieder eine Population aufgebaut.
Verbreitung: Harz und dessen Umfeld; in den Bundesländern Niedersachsen und Sachsen-Anhalt.
Leistung: Die durchschnittliche Jahresmilchmenge liegt bei 800 kg. Die überzähligen Zicklein gelten zu Ostern als Delikatesse. Gut für die Landschaftspflege geeignet, um Verbuschung zurückzudrängen.
Nutzung: Hauptnutzung Milch, Fleisch, untergeordnet Landschaftspflege.
Organisation: GEH

Bock 60–70
Geiß 50–60

Bock 60–82
Geiß 35–60

Norwegen

****

Islandziege

Islenska geitin (isl.)

Kennzeichen: Im Allgemeinen mittelgroß, doch gibt es eine große Variation in der Größe wie auch in der Färbung. Ungefähr 20 % der Tiere sind weiß, die übrigen sind grau, braun, schwarz oder gescheckt. Lange Kaschmirwolle. Gehörnt.
Zuchtgeschichte: Schon von den ersten Siedlern, die aus Norwegen kamen, wurden vor mehr als 1000 Jahren Ziegen nach Island gebracht. Im Vergleich mit Schafen, Pferden und Rindern hatten sie hier nie eine größere wirtschaftliche Bedeutung. Durch Überlieferungen seit 1703 ist bekannt, dass Ziegen überall im Land gehalten wurden, jedoch immer nur in geringer Zahl. Um 1890 waren sie nahezu ausgestorben; es gab zu der Zeit weniger als 100. Ihre größte Verbreitung hatten Ziegen 1930 mit nahezu 3000. Gegenwärtig sind es weniger als 400 in knapp 50 Beständen. Die Populationsgröße ist seit etlichen Jahren annähernd gleich. Seit Ende der 60er Jahre des vergangenen Jahrhunderts gibt es für die Haltung von Ziegen eine staatliche Unterstützung.
Verbreitung: Island.
Leistung: Die Geißen werden kaum gemolken. Die tägliche Milchleistung beträgt 0,5 bis 1,0 kg, so dass eine Laktationsperiode nur 150 bis 200 kg Milch ergibt. Die Geißen werfen gewöhnlich nur ein Zicklein. Die Tiere liefern jährlich 200 bis 800 g Kaschmirwolle guter Qualität. Saisonale Fortpflanzung.
Nutzung: Hauptnutzung Milch, Wolle/Haare, Fleisch.
Organisation: Goat Breeder's Society of Iceland

Bock 70–75
Geiß 65–70

Bock 70–80
Geiß 40–60

Jämtland, Nordschweden

****

Jämtlandziege

Jämtget (schwed.)

Kennzeichen: Mittelgroß. Mittellanges Haar. Es kommen viele verschiedene Farbvarianten vor: weiß, falb und bräunlich. Daneben Schecken und dreifarbige Tiere (schwarz-weiß-braun) mit schwarzen Beinen. Gehörnt.

Zuchtgeschichte: Die Ziege galt in der nordischen Mythologie als Symbol der Fruchtbarkeit. Ihre wirtschaftliche Bedeutung war im Verlaufe der Jahrhunderte wechselhaft. Ende des 19. Jahrhunderts wurde die Ziegenhaltung weitgehend eingeschränkt. Zwar gab es auch später überall in Schweden Ziegen, aber von einer Rassezucht konnte nicht gesprochen werden. Es dominierte die schwedische Landrasse in allen Formen und Farben. Vorübergehend wurden stark norwegische Ziegen eingekreuzt. Als Besonderheit muss die Population der Provinz Jämtland (Nordschweden) gelten. Sie wurde dort vor allem von den Lappen gehalten. Im Ursprungsgebiet gibt es nur noch wenige Tiere. In der Nachkriegszeit kamen Ziegen aus dem Norden in den Tierpark Skansen in Stockholm, von dort später in den Thüringer Zoopark Erfurt und weitere zoologische Einrichtungen in Deutschland. Es gibt einen Erhaltungsverein.

Verbreitung: Schweden, Deutschland.

Leistung: Die Milchleistung beträgt 400 bis 500 kg mit 3,2 % Fett. Die Tiere sind gut an das nordische Klima angepasst. Widerstandsfähig und anspruchslos.

Nutzung: Hauptnutzung Milch, Fleisch.

Organisation: Föreningen Allmogegeten

Bock 60 Geiß 50	Bock 45 Geiß 40	Chile	**

Juan Fernandez

Kennzeichen: Klein. In der Regel rotbraun mit schwarzem Aalstrich sowie oft mit schwarzem Bauch, Beinen und Kopf. Es kommen aber auch völlig schwarze und gelegentlich gescheckte Tiere vor. Gehörnt.
Zuchtgeschichte: Im 16. Jahrhundert wurden Ziegen aus Spanien von Seefahrern auf den Juan-Fernandez-Inseln vor der Küste von Chile ausgesetzt. Sie sollten bei späteren Besuchen dieser Insel als Proviant dienen. Diese Vorstellung traf zu. Die Tiere überlebten und passten sich der neuen Heimat mit allen ihren Beschränkungen wie beispielsweise Wassermangel an. Sehr rasch verwilderten sie. Sie sollen durch den Jagddruck so scheu geworden sein, dass sie vor Personen schon in einem Abstand von 1000 m flohen. 1999 wurden einige von ihnen eingefangen und in den Haustierpark Warder bei Kiel gebracht. Durch die ständige Nähe von Menschen, die hier keine Gefahr für sie darstellten, wurden die Tiere rasch zahm. Es besteht weder eine gezielte Zucht noch ein Herdbuch.
Verbreitung: Juan-Fernandez-Inseln vor der chilenischen Küste.
Leistung: Da die Ziegen sich bis auf geschätzte 3000 Tiere vermehrten und bei der Nahrungssuche wenig wählerisch sind, zerstörten sie auf den Inseln die Vegetation weitgehend. Sie werden deshalb gegenwärtig stark bejagt. Das Fleisch könnte der menschlichen Ernährung dienen.
Nutzung: Keine.
Organisation: –

↕ Bock 60 Geiß 50	Bock 45–50 Geiß 30–40	Moxotó-Tal, BRA	⚠ *

Moxoto

Black-Back (engl.)

Kennzeichen: Mittelgroß. Nahezu weiß bis falb. Unterseite des Rumpfes, Unterbeine sowohl evtl. Aalstrich sind schwarz; Innenseite der Ohren, Umgebung des Maules, sowie Streifen von der Hornbasis zum Maulwinkel, sind ebenfalls schwarz. Bei Böcken ist oft der ganze Kopf nahezu schwarz. Kurzhaarig. Klauen schwarz. Die meisten Tiere sind gehörnt, es kommen aber auch hornlose Individuen vor.

Zuchtgeschichte: Es wird vermutet, dass die Vorfahren dieser Rasse aus dem Grenzbereich von Portugal und Spanien stammen. Offenbar wurden sie schon vor Jahrhunderten von den frühen Kolonisten ins Land gebracht. Sie scheinen dem Aussehen nach von der Rasse Serpentina abzustammen. In Brasilien wird Moxoto vor allem im Westen des Landes gehalten. Die Rasse hat ihren Namen nach dem Moxoto-Tal in Pernambuco erhalten, wo ein Schwerpunkt der Zucht liegt.

Verbreitung: In Brasilien die Staaten Paraiba, Ceara, Piaui, Bahia und Pernambuco.

Leistung: Anspruchslos und fruchtbar. Bei ungefähr 40 % der Geburten Zwillinge.

Nutzung: Hauptnutzung Fleisch.

Organisation: EMBRAPA

Bock 90 Geiß 80	Bock 80 Geiß 60	Verzascatal, Tessin, CH	**

Nera Verzasca

Schwarze Tessiner

Kennzeichen: Großrahmig. Kurzhaarig. Vollständig schwarz oder schwarz mit rötlichem Anflug. Einzelne Tiere schokoladenbraun. Gelegentlich weiße Abzeichen oder Scheckung. Gehörnt.
Zuchtgeschichte: Bodenständige Ziegenrasse aus dem Tessin, insbesondere des Verzasca-Tals. Ursprünglich gab es mehr Tiere von abweichender Farbe und auch langhaarige. Durch entsprechende Selektion der Zuchttiere kommen heute fast ausschließlich schwarze Individuen vor. Die Tiere eines Dorfes werden oft in Gemeinschaftsställen untergebracht. Ein Herdbuch besteht seit dem Jahr 1940. Die Rasse macht ungefähr 11 % des Schweizer Ziegenbestandes aus.
Verbreitung: Überwiegend im Tessin und dort im Verzascatal. Beachtliche Bestände in Graubünden. Kleinere Gruppen in vielen anderen Kantonen der Schweiz. Italien. Deutschland.
Leistung: Bei einer Laktationsdauer von 205 Tagen liegt die Jahresmilchmenge bei 550 kg mit 3,1 % Fett und 2,9 % Eiweiß. Die Milch wird zu verschiedenen Käsesorten verarbeitet. Gute Fruchtbarkeit. Das Fleisch der Zicklein gilt als Delikatesse. Eine Spezialität besonderer Art ist das luftgetrocknete Ziegenfleisch. Ausgeprägte Gebirgsziege. Anspruchslos und anpassungsfähig. Mit ihrem dichten Unterhaar erträgt sie tiefe Temperaturen und hält sich oft bis zum ersten Schneefall in großen Höhen auf.
Nutzung: Hauptnutzung Fleisch, Milch, untergeordnet Landschaftspflege.
Organisation: PRO SPECIE RARA

Bock 85 *Geiß 75*	*Bock 85* *Geiß 60*	*Prättigau, CH*	***

Pfauenziege

Pfavenziege, Salbetscha, Palomaziege

Kennzeichen: Mittelgroß. Kurzhaarig. Die vordere Körperhälfte überwiegend weiß, die hintere schwarz. Der Kopf ist schwarz gezeichnet, außerdem sind die Vorderbeine schwarz. In der hinteren Körperhälfte weiße Flecken an Beinen und Flanken. Gehörnt.

Zuchtgeschichte: Dieser Farbschlag ist schon sehr lange bekannt. Im 19. Jahrhundert war der Name „Prättigauer Ziege" üblich. Sie wurde als Farbvariante der Nera Verzasca angesehen. Offizielle Anerkennung fand diese von allen anderen Ziegenrassen im Aussehen deutlich abweichende Ziege lange nicht. Nachdem sich durch eine wissenschaftliche Untersuchung erwiesen hatte, dass die Pfauenziege auch genetisch etwas Eigenständiges darstellt, wurde 1992 eine Interessengemeinschaft ins Leben gerufen. Seit Ende des vergangenen Jahrhunderts als Herdbuchrasse anerkannt.

Verbreitung: Hauptsächlich Kanton Graubünden, aber auch übrige Schweiz. Einige Bestände in Deutschland. In Österreich Tiere mit gleichem Aussehen und gleichem Namen, aber anderer Abstammung. Auch in Italien gibt es Ziegen dieser Färbung.

Leistung: Durchschnittliche Jahresmilchmenge 550 kg mit 3,4 % Fett und 2,9 % Eiweiß. Die Zicklein sind als „Ostergitzi" sehr geschätzt. Robuste Gebirgsziege. Widerstandsfähig und marschtüchtig. Temperamentvoll.

Nutzung: Hauptnutzung Milch, Fleisch.

Organisation: PRO SPECIE RARA

Bock 70–80 Geiß 65–70	Bock 60–75 Geiß 45–60	Poitou-Charentes, F	**

Poitevine

Poitou (franz.)

Kennzeichen: Groß. Insbesondere an Rücken (Mantel), Bauch und Hinterbeinen langhaarig. Vorwiegend dunkelbraun bis anthrazitfarbig. Beige sind Unterseite, unterer Teil der Beine, Umgebung von After und Scheide, Innenseite der Ohren sowie ein Überaugenstreif. Gewöhnlich hornlos.

Zuchtgeschichte: Anfang des 20. Jahrhunderts in Südwest-Frankreich aus bodenständigen Ziegen entstanden. Bemerkenswert ist, dass dies zunächst ohne (den damals üblichen) Einfluss der Schweizer Rassen geschah. Erst 1970 wurde British Alpine von Großbritannien eingekreuzt. Ihre herdbuchmäßige Bearbeitung erfolgte erst seit 1947. Von fünf Böcken wurden Spermaproben als Genreserve eingefroren. Der Rasse gehören ungefähr 5 % des Herdbuchbestandes der Ziegen in Frankreich an. Der Name ist von der Region Poitou abgeleitet.

Verbreitung: Frankreich. In Deutschland gibt es zwei Herdbuchbetriebe.

Leistung: Die Milchmenge beträgt bei einer Laktationsdauer von 254 Tagen 700 kg mit 3,3 % Fett und 3,0 % Eiweiß. Die Milch dient vor allem der Herstellung besonderer Käsesorten. Bei Altziegen durchschnittlich 1,8 Zicklein pro Geburt. Robust und anspruchslos. Hat sich in unterschiedlichen Klimabereichen bewährt. Gut für die Landschaftspflege geeignet.

Nutzung: Hauptnutzung Milch, Fleisch.

Organisation: Association pour la défense et le developement de la chèvre Poitevine

Bock 80–90 Geiß 70–80	Bock 80–90 Geiß 60–70	Provence, F	**

Rove-Ziege

Rove (franz., engl.)

Kennzeichen: Groß. Kurzhaarig. Im Allgemeinen rotbraun, es kommen aber auch blonde, schwarze und graue Tiere vor. Leichte Stehohren. Gehörnt, die Hörner stehen weit auseinander.
Zuchtgeschichte: Im Grunde gibt es diese Rasse schon seit Ende des 19. Jahrhunderts, und zwar in der Provence. Sie ging aus bodenständigen Ziegen im Südosten von Frankreich hervor und hatte eine wesentliche Funktion bei der Hütehaltung. Wegen der allgemein guten Folgsamkeit und Lenkbarkeit von Ziegen ließ man sie in Schafherden mitlaufen. In der ersten Hälfte des vergangenen Jahrhunderts waren die Tiere noch wenig einheitlich. Erst ab 1972 wurde eine Restpopulation auf das jetzige Zuchtziel ausgerichtet. Benannt wurde sie nach dem Bergdorf Rove westlich von Marseilles. 1960 gab es noch etwa 18 000 Tiere; 20 Jahre später lediglich ungefähr 500. 1979 wurde ein Zuchtverband gegründet.
Verbreitung: Südostfrankreich. In Deutschland gibt es drei Herdbuchbetriebe.
Leistung: Die Milchleistung liegt zwischen 300 und 500 kg. Aus der Milch werden spezielle Käsesorten gefertigt. Geißen werden häufig als Ammen für verwaiste Lämmer genommen. Robust und anspruchslos. Sie hält die Landschaft von Verbuschung frei und leistet so einen Beitrag gegen die dort häufig auftretenden Waldbrände.
Nutzung: Hauptnutzung Milch, Fleisch, Landschaftspflege.
Organisation: Association de la Chèvre du Rove

Bock 75–90 Geiß 70–80	Bock 60–80 Geiß 50–65	Hohe Tauern, A	**

Tauernschecken

Scheckige Tauernziege, Tauernsheck (engl.)

Kennzeichen: Groß. Kurzhaarig. Schwarz-weiß oder braun-weiß gescheckt. Oft dreifarbig. Blässe. Gehörnt.
Zuchtgeschichte: Im 19. Jahrhundert in der Region Hohe Tauern entstanden. Der erste nachweisbare Züchter war der 1884 im Pinzgauer Taxenbach geborene Kaspar Mulitzer. Eine kontrollierte Zucht gibt es seit 70 Jahren. Während des 2. Weltkriegs starb die Rasse durch aufgezwungene Verdrängungskreuzung nahezu aus. Lange Zeit wurde sie fast nur noch in einem einzigen Betrieb gehalten. Erst ab 1983 konnten weitere Züchter für eine Mitarbeit gewonnen werden. In den letzten Jahren ist das Interesse, auch im Ausland, deutlich gestiegen. Seit 1995 gibt es ein Herdbuch. Tiere ohne Blässe und beidseitige Scheckung werden nicht ins Zuchtbuch aufgenommen.
Verbreitung: Österreich. Hauptzuchtgebiete sind Pinzgau, Pongau sowie Osttirol und die Steiermark. Südtirol. In Deutschland gibt es 13 Herdbuchbetriebe.
Leistung: Die Jahresmilchmenge liegt bei 800 kg pro Laktationsperiode (250 Melktage). Sehr fruchtbar. Die Geißen sind gute Mütter. Gut an das Leben im Gebirge angepasst: Trittsicher und lebhaft. Robust. Gute Futterverwerter. Die Scheckung gewährleistet, dass die Tiere im Gebirge sowohl im Sommer als auch nach Schneefall leicht entdeckt werden können.
Nutzung: Hauptnutzung Milch, Fleisch.
Organisation: Arche Austria

Bock 80–85 Geiß 70–75	Bock 70–80 Geiß 50–55	Thüringen, D	****

Thüringerwald-Ziege

Thüringer-Waldziege

Kennzeichen: Großrahmige Ziege mit schokoladefarbenem Fell. Beine, Gesichtsmaske sowie „Spiegel" unter dem Schwanz weiß. Ohren hell gesäumt. Gelegentlich schwarze Tiere. Stehohren, langer Rücken, gut ausgebildetes Euter. Gehörnt und hornlos.
Zuchtgeschichte: Ende des 19. Jahrhunderts wurden Schweizer Ziegen, vor allem Toggenburger, in die bunten bodenständigen Ziegen eingekreuzt. Damals gab es drei Zuchtziele: Hohe Milchleistung, Kurzhaarigkeit und Hornlosigkeit. Die zunächst noch als Thüringer Toggenburger genannte Rasse wurde 1935 nach eingehender Prüfung durch eine Züchterkommission in „Thüringer Wald Ziege" (TWZ) umbenannt. 1936 umfasste sie in Deutschland 57 000 Tiere. Nach dem 2. Weltkrieg deutlicher Anstieg der Bestände, später allmählicher Rückgang der Tierzahlen. Nach der politischen Wende gab es nur noch rund 150 Tiere dieser Rasse. 1992 Neugründung des Thüringer Ziegenzuchtverbandes; damals wurde auch das Herdbuch neu eingerichtet.
Verbreitung: Rund ein Drittel der Population in Thüringen. Zahlreiche weitere Bestände in vielen Bundesländern und benachbarten Staaten.
Leistung: Robust und widerstandsfähig. Fruchtbar und leistungsstark. Die Jahresmilchleistung liegt bei 800 kg mit 3,6 % Fett und 3,3 % Eiweiß. Tägliche Zunahmen der Zicklein bei 200 g.
Nutzung: Hauptnutzung Milch, untergeordnet Fleisch.
Organisation: GEH

Bock 50–55 Geiß 45–50	Bock 30–35 Geiß 20–25	Japan	*****

Tokara-Ziege

Tokara Yagi (jap.)

Kennzeichen: Klein. Kurzhaarig. Graubraun mit schwarzen Abzeichen oder grau-weiß gescheckt. Gehörnt.
Zuchtgeschichte: Es handelt sich bei dieser Ziege um die Landrasse auf der Tokara-Inselgruppe südlich von Kyuschu. Dort findet man diese Tiere in Gruppen vor allem in den Klippen der Inseln. Diese Ziegen sollen ursprünglich von der Präfektur Okinawa stammen, wo sie zur Fleischnutzung gehalten und auch mit der japanischen Saanenziege gekreuzt wurden. Die auf den Inseln heimische Population umfasst weniger als 100 Tiere. Kleinere Zuchtgruppen werden auf einigen Forschungsstationen und in Zoos gehalten.
Verbreitung: Tokara-Inselgruppe südlich der japanischen Hauptinsel Kyuschu.
Leistung: Fleisch. Asaisonal. Die Rasse soll gegenüber einer bestimmten Erkrankung durch Fadenwürmer (*Filariosis cerebrospinalis*) resistent sein.
Nutzung: Hauptnutzung Fleisch.
Organisation: –

Bock 82 Geiß 65	Bock 70–80 Geiß 50–60	Wallis, CH	****

Vallesana

Vallese (ital.)

Kennzeichen: Groß. Langhaarig. Vordere Körperhälfte hell- bis dunkelgrau, hintere Körperhälfte weitgehend weiß. Gehörnt.
Zuchtgeschichte: Ursprünglich kamen Tiere der Schwarzhalsziege aus dem Wallis in die südlich vom Wallis gelegenen italienischen Alpen. In den Regionen von Novara und Varese wurden sie im Verlaufe der Zeit mit bodenständigen Ziegen gekreuzt. Gegenüber der Ausgangsform ist der jetzige Typ deutlich verändert. Der Bestand weiblicher Tiere die gemolken werden umfasste 1991 nur 300 Geißen. Ein Herdbuch ist vorhanden.
Verbreitung: Vor allem in den Tälern Val Vigezza und Valstrona südlich der Grenze zur Schweiz. Desgleichen in der Umgebung von Trasquera und Varzo im Divedro-Tal.
Leistung: Nur ein Teil der Geißen wird gemolken. Die durchschnittliche Jahresmilchmenge beträgt rund 500 kg. Besonders geschätzt wird das Fleisch der Zicklein. Robust und genügsam.
Nutzung: Hauptnutzung Fleisch, Milch.
Organisation: ConSDABI

Bock 85 Geiß 75	Bock 75–85 Geiß 55–60	Oberwallis, CH	*

Walliser Schwarzhalsziege

Schwarzhalsziege, Chévre des Glaciers (franz.), Capra dal Collo Nero (ital.), Glacier goat (engl.)

Kennzeichen: Großrahmig. Langhaarig. Vordere Körperhälfte schwarz, hintere weiß. Scharfe Trennung beider Farben. Klauen der Vorderbeine schwarz, die der Hinterbeine weiß. Gehörnt.
Zuchtgeschichte: Das Stammland dieser Rasse ist das Oberwallis. Der Sage nach soll sie im 10. Jahrhundert mit der Einwanderung afrikanischer Völker in das Wallis gekommen sein. Im Verlaufe der Zeit hat sich das Zuchtgebiet auf das Unterwallis sowie die Kantone Bern und Zürich ausgedehnt. Wegen ihres attraktiven Aussehens ist sie im Ausland sehr gefragt, und zwar sowohl in der Landeszucht als auch insbesondere in zoologischen Gärten. Es besteht ein Herdbuch. Die Rasse macht etwa 7 % des Schweizer Ziegenbestandes aus.
Verbreitung: Insbesondere im Kanton Wallis, beachtliche Bestände aber auch in den Kantonen Graubünden, Bern und Schwyz.
Leistung: Die Milchmenge bei einer Laktationsdauer von 264 Tagen beträgt im Mittel 445 kg mit 3,1 % Fett und 2,9 % Eiweiß. Oft dient die Milch ausschließlich der Aufzucht der Zicklein. Durchschnittlich 1,7 Zicklein pro Geburt. Gute Mastfähigkeit; Zunahmen im Mittel 222 g/Tag. Genügsam und widerstandsfähig. Wegen ihres ungewöhnlichen Aussehens Attraktion für den lokalen Tourismus.
Nutzung: Hauptnutzung Fleisch, Milch, Hobby.
Organisation: PRO SPECIE RARA

Hengst 166
Stute 162

Hengst 595
Stute 570

Kladrub, CZ

**

Altkladruber

Kladrubský (tschech.), Starokladrubský (tschech.), Kladruby (engl.)

Kennzeichen: Schweres Warmblut. Schimmel oder Rappen. Muskulöser Rumpf, langer Rücken. Kräftiger Hals, gewölbte Profillinie. Hoch angesetzter Schweif. Kräftige, trockene Beine.
Zuchtgeschichte: Den Kladruber gibt es in zwei Farben: Die Schimmel dienten dem Hause Habsburg während der K. u. K.-Monarchie als Kutsch- und Paradepferde. Die Rappen wurden nur für das Beerdigungszeremoniell benötigt, wenn ein Mitglied der kaiserlichen Familie verstorben war. Die Schimmel gehen auf den 1764 in Italien angekauften Rapphengst „Pepoli" zurück. Pepoli brachte mit einer Schimmelstute den 1775 geborenen Schimmelhengst „Imperatore" hervor. Die Rappen lassen sich auf den Rapphengst „Sacramoso" zurückführen, der ebenfalls aus Italien stammte. Beide Typen wurden auf dem heutigen tschechischen Nationalgestüt Kladruby in Kladrub gezüchtet. Heute steht dort nur noch die Schimmelherde. Die Rappen werden in Slatinany gehalten. Im Einzelfall wurden später zur Blutauffrischung Lippizaner (Schimmel) und Friesen (Rappen) eingekreuzt.
Verbreitung: Tschechien, Österreich, Deutschland.
Leistung: Energisches Temperament, aber gutmütig. Spätreif und langlebig. Gezüchtet als Kutsch- und Wagenpferde. Erfolgreich in der Vielseitigkeit und im Fahrsport eingesetzt, jedoch auch gut als Reitpferd verwendbar.
Nutzung: Hauptnutzung Sport, Arbeit, untergeordnet Haut/Fell.
Organisation: National Stud Farm Kladruby Nad Labem, CS – 53314

Hengst 155–162 Stute 155–159	*Hengst 600 Stute 550*	*Württemberg, D*	*****

Altwürttemberger

Kennzeichen: Schweres Warmblut. Vor allem Rappen und Braune; oft mit weißen Abzeichen. Gerade Profillinie des Kopfes. Tiefer Rumpf. Muskulöse Kruppe. Kräftige Gliedmaßen.
Zuchtgeschichte: Obwohl das Land Württemberg schon immer eine intensive Beziehung zu Pferden hatte, kam es lange nicht zu einer eigenständigen Rasse. Es wurden viele verschiedene Herkünfte in die bodenständige Pferdepopulation eingekreuzt, vor allem Anglo-Normänner. Am prägnantesten war der anglo-normännische Hengst „Faust", der 1889 als Dreijähriger in der Normandie angekauft wurde. Es kamen aber auch Stuten aus Ungarn, Kärnten, Holstein und anderen Gegenden. 1907 wurde das erste Herdbuch angelegt. Erst nach dem 1 Weltkrieg konnte man von einer nach Typ und Eigenschaft gefestigten Rasse sprechen. Sie entsprach dem Schweren Warmblut. Nach dem 2. Weltkrieg, als kräftige Arbeitspferde kaum noch benötigt wurden, wurde auf ein rittiges Sportpferd umgezüchtet. Nur wenige Züchter blieben beim ursprünglichen Zuchtziel. 1988 wurde in Marbach der „Verein zur Erhaltung des Altwürttemberger Pferdes" gegründet.
Verbreitung: Baden-Württemberg.
Leistung: Hart und robust. Leichtfuttrig. Leistungswillig und einsatzbereit. Hervorragende Zugleistung. Nervenstark und umgänglich; lebhafter, räumender Gang. Vielseitig verwendbar. Gut für mittelschweren Zug und Dauerleistungen verwendbar.
Nutzung: Hauptnutzung Sport, Haut/Fell.
Organisation: GEH

Hengst 120–148 Stute 128–145	Hengst 300–400 Stute 280–380	Peloponnes, Griechenland	*****

Arravani

Peneia (griech.)

Kennzeichen: Kräftiges Kleinpferd. Es kommen alle Grundfarben vor, vor allem Braune. Weiße Abzeichen sind selten. Eingedellte Profillinie des Kopfes, kurze Ohren, ausdrucksvolle Augen. Üppiger Behang. Trockenes Fundament. Kleine Hufe.

Zuchtgeschichte: Die Rasse stammt aus dem Tal des Peneios im Norden des Peloponnes. Sie ist der Nachfahre des Peneia. Es handelt sich um eine uralte bodenständige griechische Rasse, in die offenbar in der Türkenzeit orientalische Pferde eingekreuzt wurden. Arravanis sind im Typ wenig einheitlich; sie werden von den Besitzern häufig als „Dopio" bezeichnet, was so viel wie „das Einheimische" bedeutet; die Eigentümer haben also keinen speziellen Rassenamen für ihre Pferde. Ein Zuchtbuch gibt es nicht; die Hengste wurden nach Gutdünken und ihrem Charakter ausgewählt. Oft werden innerhalb der Rasse auch nur die Tölter als Arravani bezeichnet. In Deutschland gibt es seit einigen Jahren etliche Züchter, die sich zur „IG Arravani e. V." zusammengeschlossen haben. Im Griechischen bedeutet „Arravani" soviel wie Passgänger. Seit 2003 sind sie in das Rheinische Pferdestammbuch eingetragen.

Verbreitung: Griechenland, Deutschland.

Leistung: Genügsam und ausdauernd. Arbeitswillig und menschenbezogen. Sehr viele, doch bei weitem nicht alle Arravanis sind Tölter. Leichtrittig mit gutem Vorwärtsdrang. Ideal für Freizeitreiter und Geländeritte.

Nutzung: Hauptnutzung Landschaftspflege, Sport, Haut/Fell.

Organisation: IG Arravani e. V.

Hengst 139–149 Stute 135–147	Hengst 450–550 Stute 420–500	Nördliche Appeninen,I	*

Bardigiano

Cavallo Bardigiano (ital.), Bardigiana (engl.)

Kennzeichen: Kompaktes Kleinpferd. Braun bis schwarz mit rötlichem Schimmer. Leichter, edler Kopf mit leicht konkaver Profillinie. Breite Stirn, kurze Ohren. Tiefer, gut bemuskelter Rumpf. Lange, abschüssige Kruppe. Üppiges Langhaar. Kurze kräftige Beine.

Zuchtgeschichte: Die Rasse verdankt ihren Namen dem Städtchen Bardi in der Provinz Parma. Der Ursprung der Rasse ist umstritten. Es handelt sich um ein bodenständiges Bergpferd, das sich zumindest schon seit Jahrhunderten in ähnlicher Form an die karge Bergregion angepasst hat. In der Literatur wird die Rasse erstmals 1864 erwähnt. Offenbar wurde sie früher auch als Streitross genutzt, war aber bis weit ins 20. Jahrhundert hinein hauptsächlich das Arbeitspferd der Bergbauern. Nach dem Zweiten Weltkrieg wurden vorübergehend mit mäßigem Erfolg andere Rassen eingekreuzt. Gründung eines Zuchtbuches 1977; gleichzeitig wurden Rassestandards erarbeitet. Ab den 70er Jahren des vergangenen Jahrhunderts steigende Tierzahlen.

Verbreitung: Italien, Deutschland, Schweiz, Ungarn.

Leistung: Robust und anpassungsfähig. Spätreif. Temperamentvoll, doch komplikationslos im Umgang. Gelehrig und mutig. Guter Futterverwerter. Hohe Milchproduktion der Stuten. Gut geeignet für Freizeitsport und Wanderritte. In besonderer Weise für das therapeutische Reiten nutzbar.

Nutzung: Hauptnutzung Arbeit, Sport, Fleisch.

Organisation: Associazione Nationale Allevatori de Cavallo Bardigiano

Hengst 150–158
Stute 148–155

Hengst 600–650
Stute 550–660

USA

***

Bashkir Curly

Kennzeichen: Die Tiere haben im Winterhalbjahr am ganzen Körper ein langes, seidiges, lockiges Fell. Im Sommer werden diese Haare abgestoßen und es wachsen bis zum nächsten Winter glatte, lange Haare. Bei manchen Pferden wird jeden Sommer die Mähne vollständig abgestoßen, bei Einzeltieren auch die Schweifhaare. Es kommen alle Grundfarben vor sowie auch Schecken und Färbungen wie Appaloosa. Kräftiger Knochenbau. Gut bemuskelt.

Zuchtgeschichte: Der Name ist irreführend. Die Rasse kommt nicht, wie früher angenommen wurde, aus der Russischen Föderation sondern hat ihren Ursprung in den USA. Offenbar ist das lange, lockige Haar als genetische Besonderheit bei Einzeltieren erschienen; diese wurden dann zu einer Rasse zusammengefasst. Es gibt Hinweise auf Quarter Horse und Morgan sowie auf verwilderte Pferde. Nachweislich gab es Ende des 19. Jahrhunderts drei Pferde auf einer Ranch in Nevada, die ein ausgeprägt lockiges Fell besaßen. Sie bildeten die Grundlage der Zucht. 1971 wurde die „American Bashkir Curly Registry“ gegründet. Erst damals begann eine geordnete Zucht.

Verbreitung: USA, Kanada. Einzeltiere in Deutschland.

Leistung: Zäh und anspruchslos. Durch die starke Behaarung gut gegen Kälte geschützt. Bashkir Curly wurden erfolgreich in zahlreichen reiterlichen Nutzungsformen eingesetzt.

Nutzung: Hauptnutzung Sport, Haut/Fell.

Organisation: ALBC

Hengst 135–148
Stute 132–145

Hengst 400–450
Stute 350–400

Balkan

**

Bosniake

Bosnisches Gebirgspferd, Bosanski Brdski Konj (kroat.), Bosniak, Bosnian Mountain (engl.)

Kennzeichen: In Typ und Größe wenig ausgeglichenes Pony. Es kommen alle Grundfarben vor, am häufigsten jedoch Dunkelbraune. Wenig weiße Abzeichen. Gut bemuskelt. Leicht konkave Profillinie des Kopfes. Kurze Ohren, ausdrucksvolle Augen. Stark bemuskelter Hals. Kräftige Mähne.

Zuchtgeschichte: In den gebirgigen Regionen des Balkans entstanden, und früher nie auf Einheitlichkeit gezüchtet. Jede Gegend hielt einen ihren Bedürfnissen entsprechenden Typ. Es sollen sowohl orientalische Pferde als auch Araber und österreichische Rassen eingekreuzt worden sein. Die Zucht wird von Kroatien aus betreut. Man unterscheidet die Barut- und die Misko-Linie. In Deutschland werden Bosniaken seit den 60er Jahren des vergangenen Jahrhunderts gehalten. 1986 wurde eine Gesellschaft gegründet. Nach der politischen Wende starke Dezimierung im Ursprungsgebiet.

Verbreitung: Bosnien-Herzegowina. Kroatien. Deutschland. Weitere europäische Länder.

Leistung: Hart und ausdauernd. Leichte, sichere Bewegungen. Trittsicher. Temperamentvoll aber gehorsam. Vielseitig verwendbar: Landwirtschaft, Transport und Militär. Gutes Distanz- und Wanderpferd. Beachtliches Sprungvermögen. Als Freizeitpferd und bei entsprechender Ausbildung gutes Kinderpony.

Nutzung: Hauptnutzung Sport, Landschaftspflege, Haut/Fell.

Organisation: IG Bosnische Gebirgspferde, Düsseldorf

Hengst 160–170
Stute 160–170

Hengst 900
Stute 900

Kanalküste um
Calais, F

*

Boulonnais

Boulogner (franz.)

Kennzeichen: Schweres Kaltblut. Vorwiegend Schimmel, manchmal Füchse oder Braune. Kleiner Kopf, kurze Ohren, konkave Profillinie, breite Stirn. Breite, tiefe Brust; gespaltene Kruppe. Trockene Extremitäten, breite Hufe. Weiches, seidiges Langhaar; wenig Kötenbehang.
Zuchtgeschichte: Die Rasse ist nach der Stadt Boulogne-sur-Mer benannt, die am Ärmelkanal in der Nähe von Calais liegt. Geht auf einen bodenständigen Landschlag zurück. Schon in der Römerzeit waren die schweren Pferde der dortigen Gegend berühmt. Späterer Einfluss von Arabern ist unverkennbar. Erst Mitte des 19. Jahrhunderts kam es zu einer Umstellung auf den schweren Kaltbluttyp. Damals wurde der Boulonnais vor allem für den raschen Transport von Frischfisch von den Häfen nach Paris eingesetzt. Auch im öffentlichen Verkehr wurde er intensiv genutzt. Nach der Mitte des 19. Jahrhunderts kreuzte man ihn häufig in andere Kaltblutrassen ein. Ein Gestütbuch gibt es seit 1886. Nach 1955 hat der Hengst „Faust Boulonnais" die Zucht des Schleswiger Kaltbluts nachhaltig beeinflusst. Als Brandzeichen hat die Rasse einen Anker an der linken Halsseite.
Verbreitung: Nordfrankreich.
Leistung: Robust und ausdauernd. Temperamentvoll, hervorragendes Trabvermögen. Raumgreifender Schritt. Für jede kraftfordernde Arbeit gut geeignet. Frohwüchsig und leichtfuttrig. Frühreif.
Nutzung: Hauptnutzung Arbeit, Fleisch, Haut/Fell.
Organisation: IEDG

Hengst 135–145 Stute 133–143	Hengst 450–500 Stute 400–450	Rhône-Delta, F	*

Camargue-Pferd

Camarguaise (franz.), Camargue (franz., engl.), Crin Blane (farnz.)

Kennzeichen: Kompaktes Pony. Schimmel unterschiedlicher Färbung. Die Fohlen werden dunkel geboren, und färben erst im Alter von fünf bis sieben Jahren um. Recht schwerer, meist ramsnasiger Kopf. Üppiges Langhaar; geringer Kötenbehang. Stabiles Fundament, breite Hufe.
Zuchtgeschichte: Nachweislich schon seit Anfang des 16. Jahrhunderts, wahrscheinlich aber schon sehr viel früher war er das Reitpferd der Rinderhirten in der Camargue. Als Folge der extensiven Haltung und der hierdurch bedingten natürlichen Selektion entstand ein weitgehend ursprünglicher Typ. In der zweiten Hälfte des 19. Jahrhunderts wurden etliche fremde Rassen eingekreuzt. Seit 1968 staatlich anerkannt; seitdem besteht ein eigenes Gestütbuch. Die landwirtschaftliche Erschließung der Camargue nahm der Rasse einen Teil ihres Lebensraumes und zunehmend auch die Existenzgrundlage. Dennoch sind die weißen Pferde unverwechselbarer Bestandteil der in Europa einzigartigen Landschaft der Camargue. 1972 wurde in der Camargue das Nationalgestüt Uzès für diese Rasse errichtet.
Verbreitung: Frankreich (Camargue), Deutschland, Italien, Belgien, Großbritannien.
Leistung: Temperamentvoll und mutig. Genügsam und unempfindlich. Wenig krankheitsanfällig. Trittsicher. Nur die Hengste werden in der Camargue genutzt. Tiere mit „Cow Sense". Langlebig.
Nutzung: Hauptnutzung Arbeit, Sport, untergeordnet Haut/Fell.
Organisation: Mas du Pont de Rousty. F – 13200 Arles

Hengst 142 Stute 140	Hengst 400 Stute 350	Brasilien	**

Campeiro

Araucárias, Marchador.

Kennzeichen: Pony. Es kommen alle Grundfarben vor.
Zuchtgeschichte: Spanische Jesuiten brachten die Vorfahren dieser Pferderasse 1546 von Spanien und Portugal in die Berge von Santa Catarina in Brasilien. Die Pferde wurden hier halbwild gehalten. 1912 begann ein belgischer Züchter ausgewählte Stuten dieses Bestandes von Hengsten des Englischen Vollbluts und Araber-Hengsten decken zu lassen. Das Ergebnis dieser Kreuzung ist das heutige Campeiro. Es wird nach wie vor in kleinen Gruppen in den Bergen von Santa Catarina gehalten. In den 70er Jahren des vergangenen Jahrhunderts fast ausgestorben, wurde zum Erhalt der Rasse der Verband Associação Brasiliera de Criadores de Cavalo Campeiro gegründet.
Verbreitung: Südliches Brasilien.
Leistung: Wird von den Viehhirten zum Treiben und Sortieren der Tiere genutzt. Zäh und ausdauernd. Daher werden heute gerne Campeiros neben anderen brasilianischen Pferderassen auch bei Wander- und Distanzritten eingesetzt.
Nutzung: Hauptnutzung Arbeit, untergeordnet Haut/Fell.
Organisation: EMBRAPA

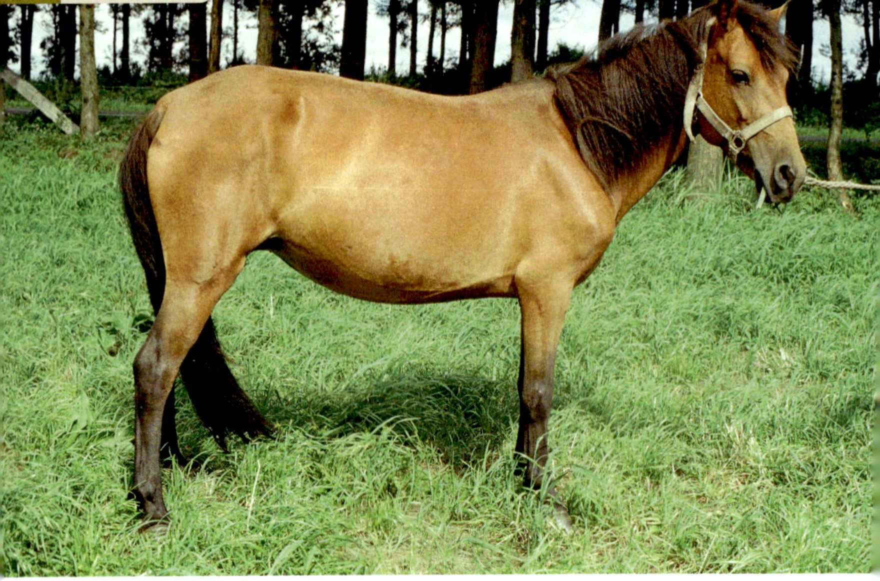

Hengst 122 Stute 120	Hengst 350 Stute 300	Korea	*****

Cheju-Pony

Chedzudo-Pony (korean.)

Kennzeichen: Stämmige Landrasse. Vor allem Braune, Rappen und Füchse, gelegentlich auch Schimmel und Schecken. Kompakter Körper; kurzer, gut bemuskelter Hals; solides Fundament. Kräftige Mähne, üppiger Schweif. Ausdrucksvoller Kopf. Kleine Ohren.
Zuchtgeschichte: Cheju ist die südlichste Insel Koreas, auf der eine noch sehr ursprüngliche, traditionsreiche Kultur herrscht. Das Cheju-Pony ist die bodenständige Pferderasse dieser Insel. Anzunehmen ist, dass die Vorfahren aus China oder vielleicht auch aus der Mongolei eingeführt wurden, denn es besteht eine auffallende Ähnlichkeit mit mongolischen Pferden. Zur Zeit der Chosan- und Korya-Dynastie (bis 1370) war Cheju Hauptgebiet der Pferdezucht. Damals gab es dort mehr als 20 000 Pferde. Sie wurden in der Landwirtschaft und vom Militär genutzt. Cheju-Ponys waren einst auf dem koreanischen Festland und auch in China sehr gefragt. Jetzt sind nur noch Restbestände vorhanden. Die südkoreanische Regierung erklärte das Cheju-Pony zum nationalen Kulturerbe.
Verbreitung: Cheju-Insel im Südosten von Südkorea.
Leistung: Kräftig und ausdauernd. Genügsam und widerstandsfähig. Gute Fruchtbarkeit der Stuten bis ins hohe Alter. Langlebig. Als Reitpferd sowie als Zugpferd vor nicht allzu schweren Wagen nutzbar. Trotz ihrer geringen Größe können sie Lasten über 100 kg gewältigen.
Nutzung: Hauptnutzung Arbeit, Haut/Fell.
Organisation: –

Hengst 172–175 Stute 168–172	Hengst 850 Stute 750	Schottland, Tal des Clyde	***

Clydesdale

Kennzeichen: Großrahmiges Kaltblutpferd. Rappen, Braune, selten Schimmel. Weiße Blässe und weiße Unterbeine. Starke Bemuskelung. Kräftiger, die Hufe bedeckender Behang (Federn).
Zuchtgeschichte: Hat seinen Ursprung im Mittelalter, als ein erheblicher Bedarf an Streit- und Schlachtrössern bestand. Über Jahrhunderte wurden immer wieder flämische und friesische Hengste zur Zucht eingesetzt. Die Rassebegründer stammten vom Anfang des 19. Jahrhunderts. Vor allem ist hier der 1810 geborene Rapphengst „Glancer 355“ zu erwähnen. Das erste Zuchtbuch wurde 1876 eröffnet. Ein Jahr später kam es zur Gründung der „Clydesdale Horse Society“. Bis sich die Motorisierung durchgesetzt hatte, war der Clydesdale in vielen Ländern ein begehrtes Pferd für den schweren Zug. Ein Bestandsrückgang fand vor allem in den 60er Jahren des vergangenen Jahrhunderts statt. Heute liegt die Zucht in Händen von „The Clydesdale Horse Society of Great Britain und Ireland“.
Verbreitung: Großbritannien, USA, Kanada, Südamerika, Südafrika, Australien.
Leistung: Hart, arbeitswillig und ausdauernd. Gut geeignet für den schweren Zug. Ausgeglichenes Temperament, gutmütig. Früher geschätztes Arbeits- und Wirtschaftspferd. Heute für Werbezwecke benutzt, zum Beispiel bei Brauereien. Spätreif; anspruchsvoll bei der Fütterung.
Nutzung: Hauptnutzung Sport, Haut/Fell, untergeordnet Arbeit.
Organisation: RBST, MAFF

Hengst 143–147 *Stute 140–145*	*Hengst 450–500* *Stute 400–450*	*Nordengland*	**

Dales-Pony

Kennzeichen: Pony in den Proportionen eines Großpferdes. Rappen und dunklere Brauntöne (kastanienbraun bis schwarzbraun). Füchse und Schecken kommen nicht vor. Gelegentlich kleine weiße Abzeichen. Gut bemuskelt. Schmale Stirn, lange Ohren. Kötenbehang.

Zuchtgeschichte: Ursprünglich auf kleinen Farmen als Packpferd zum Transport landwirtschaftlicher Produkte und von Mist bestimmt. Später auch zum Transport von Erz und Kohle herangezogen ist das Dales-Pony deutlich schwerer als das nah verwandte Fell-Pony. Beheimatet ist diese Rasse in den „Dales", den Hochtälern einiger kleiner Flüsse im Norden der Grafschaft Yorkshire. In der zweiten Hälfte des 19.Jahrhunderts begann man, die zunächst kleineren Dales-Ponys mit schweren Großpferden zu kreuzen, um sie für eine intensive Landwirtschaft geeigneter zu machen. Als Gegenreaktion wurde 1917 die „Dales Improvement Society" gegründet. Sie setzte sich zum Ziel, den ursprünglichen Pony-Charakter wieder herzustellen. Nach dem Zweiten Weltkrieg war die Population nahezu zusammengebrochen.

Verbreitung: Großbritannien, Nordamerika, etliche europäische Länder.

Leistung: Freundlich und mutig. Intelligent und energisch. Eleganter Trab; gute Springanlagen. Vielseitig; das Dales-Pony wird deshalb auch als der „große Allrounder" bezeichnet. Im Geschirr sind die Ponys ebenso gut wie im Trab oder beim Springen.

Nutzung: Hauptnutzung Arbeit, Sport.

Organisation: RBST, ALBC

Hengst 120–127 Stute 118–125	Hengst 225 Stute 212	Devon in Südwestengland	**

Dartmoor

Kennzeichen: Wohlproportioniertes Pony. Braune oder Rappen, gelegentlich Schimmel, selten Füchse. Üppiges Langhaar, kleine Ohren.
Zuchtgeschichte: Erste Erwähnung finden Pferde im Dartmoor kurz nach dem Jahr 1000 durch den sächsischen Bischof Aelwold. Jahrhunderte lang lebten die Ponys halbwild in den Mooren und Heidegebieten ihrer Heimat Devon. Ab dem Ende des 16. Jahrhunderts sollten die Tiere immer mal wieder durch Einsatz fremder Hengste größer und kräftiger gemacht werden; jedoch ohne nennenswerten Erfolg. Erst 1899 wurde ein einheitliches Zuchtziel festgelegt. Anfang des 20. Jahrhunderts hatte der araberblütige Hengst „Dwarka" großen Einfluss auf die Zucht. Fortan konnte man von zwei Typen reden: von dem stämmigen Moorland-Typ und einem leichteren, eleganten Typ. 1927 kam es zur Bildung der „Dartmoor Pony Society". Das Gestütbuch wurde 1957 geschlossen. Einen strengen Standard führte man 1961 ein; nur noch die besten Tiere werden am Hals mit dem Dreieck des Verbandes gebrannt.
Verbreitung: Großbritannien, Deutschland, Dänemark.
Leistung: Anspruchslos, hart und ausdauernd. Gelehrig und freundlich, doch auch energisch und durchsetzungsfähig. Hervorragendes Sprung- und Galoppiervermögen. Gut als Reitpferd für Kinder und Jugendliche geeignet. Spätreif.
Nutzung: Hauptnutzung Sport, Haut/Fell.
Organisation: RBST, ALBC

Hengst 135–140 Stute 130–135 | Hengst 400 Stute 350 | Westfalen, D | *****

Dülmener

Kennzeichen: Ursprüngliches Pony. Vor allem mausgrau, aber auch Braune und Rappen. Meist ohne Abzeichen. In der Regel besitzen die Tiere einen Aalstrich; gelegentlich angedeutete Zebrastreifen an den Vorderbeinen. Trockenes Fundament; kleine harte Hufe.
Zuchtgeschichte: Der Dülmener ist kein Wildpferd, wie gelegentlich behauptet wird. Er ist aus verwilderten Pferden hervorgegangen, die schon 1316 urkundlich erwähnt wurden. Ob in geschichtlicher Zeit echte Wildpferde beteiligt waren ist zweifelhaft. Noch bis ins 19. Jahrhundert hinein gab es in Mitteleuropa etliche solcher Populationen. 1840 fiel das Merfelder Bruch an den Herzog von Croy, der die dort lebenden verwilderten Pferde unter Schutz stellte. Später wurden um Inzuchteffekte zu vermeiden, Hengste aus verschiedenen europäischen Ländern zur Zucht eingesetzt: Koniks aus Polen, Fjordpferde aus Norwegen und Exmoor-Ponys aus England. Seit einigen Jahrzehnten kommen wieder vermehrt Hengste aus eigener Nachzucht zum Deckeinsatz. Neben den Pferden in der Wildbahn befinden sich zahlreiche Tiere in Privatbesitz. Seit 1989 gibt es die „IG Dülmener Wildpferd e. V."
Verbreitung: Deutschland. Schwerpunktmäßig in Westfalen.
Leistung: Anspruchslos, zäh und robust. Bei entsprechendem Training vielseitig verwendbar. Gutmütig und gelehrig.
Nutzung: Hauptnutzung Sport, Haut/Fell.
Organisation: GEH

Hengst 159–165
Stute 156–162

Hengst 500
Stute 450

Einsiedeln, CH

***

Einsiedler

Kennzeichen: Kräftig gebautes leichtes Warmblut im Typ des Anglo-Normänners. Meist Braune, aber auch Füchse. Rappen und Schimmel sind selten. Häufig weiße Abzeichen am Kopf und weiß über den Hufen.
Zuchtgeschichte: In der Benediktiner-Abtei Einsiedeln im Kanton Schwyz wurden schon seit Jahrhunderten Pferde gehalten. Die früheste urkundliche Erwähnung stammt aus dem Jahr 1064. Im 16. Jahrhundert lag die Blütezeit der Rasse. Die Zucht des ursprünglichen Einsiedlers wurde beendet, als 1798 ein französischer Revolutionsgeneral das Kloster besetzte und alle Pferde fortführen ließ. Doch bis Anfang des 19. Jahrhunderts standen erneut Pferde in den Ställen; sie waren aus der Umgebung zusammengekauft worden. Um einen züchterischen Fortschritt zu erreichen, wurden in der zweiten Hälfte des Jahrhunderts ein Yorkshire-Hengst und später Anglo-Normänner eingesetzt. Sie gaben dem Einsiedler eine eigene Note. Um 1960 entschloss man sich zur Umzüchtung auf ein modernes Reitpferd. Heute stehen in der Abtei noch ungefähr 20 Zuchtstuten. Der Einsiedler hat einen eigenen Brand: einen fliegenden Kolkraben mit dem Buchstaben E im Kreis.
Verbreitung: Schweiz.
Leistung: Fügsam und mit einwandfreiem Charakter. Leichte, elegante Bewegungen. Vielseitig verwendbar, und zwar sowohl im Sattel als auch im Geschirr.
Nutzung: Hauptnutzung Sport, Arbeit, Haut/Fell.
Organisation: PRO SPECIE RARA

Hengst 138–150 Stute 135–148	Hengst 400–450 Stute 350–420	Estland	***

Estnischer Klepper

Eesti Hobune (estn.), Estonian Native (engl.)

Kennzeichen: Kleinpferd im Typ des Schweren Warmbluts oder leichten Kaltbluts. Hell- bis dunkelbraun oder falb. Gelegentlich kommen Rappen, Schimmel oder Füchse vor. Es gibt zwei Typen: Den Pony-Typ und den Doppelklepper, die sich in der Größe unterscheiden. Kräftig bemuskelt. Kurze Gliedmaßen. Stark ausgebildetes Langhaar.

Zuchtgeschichte: Es wird vermutet, dass die Vorfahren der Esten Pferde diesen Typs mit ins Land brachten. Ursprünglich waren die Tiere deutlich kleiner, leisteten aber in der Landwirtschaft und im Kriegsdienst als Zugpferde gute Dienste. Sie wurden im Verlaufe der Zeit nur wenig von Fremdblut beeinflusst. 1920 schuf man eine Zuchtorganisation; ein Herdbuch gibt es seit 1921. Die Bezeichnung „Klepper" war früher nicht herabsetzend gemeint. Im Mittelalter nannte man kräftige und ausdauernde Pferde so. Der Name beschreibt das gleichmäßige Klappern der Hufe des eifrigen Pferdes.

Verbreitung: Estland, vor allem auf den Inseln Saaremaa und Hiiumaa sowie an der Westküste des Landes.

Leistung: Robust und ausdauernd. Anspruchslos und leichtfuttrig. Spätreif, fruchtbar und langlebig. Energisch und leistungsbereit. Gut in der Landwirtschaft verwendbar, aber auch für den Sport sowie als Reitpferd für Kinder geeignet.

Nutzung: Hauptnutzung Arbeit, Sport.

Organisation: Estonian Horse Breeders Society

Hengst 125–130 Stute 120–127	Hengst 400 Stute 350	Exmoor, Südwestengland	****

Exmoor-Pony

Kennzeichen: Harmonisch und gut bemuskelt. Rot- bis schwarzbraun. Flanke und Rückseite der Oberschenkel oft aufgehellt. Helle Augenumrandung. Mehlmaul. Üppiges Langhaar. Im Sommer metallischer Glanz des Fells. Kein Kötenbehang. Kurze Ohren. Leicht hervorstehende „Krötenaugen".

Zuchtgeschichte: Wird seit vielen Jahrhunderten extensiv im Exmoor (Grafschaften Devon und Somerset) gehalten. Blieb weitgehend frei von Fremdblut und unterlag kaum der Selektion durch den Menschen. Um 1710 bezeichnete man die Tiere als „Horse Beasts", setzte sie also mit Wildtieren gleich. Der Name „Exmoor(e) Horse" ist erst seit Anfang des 19. Jahrhunderts üblich. Im 19. Jahrhundert wurden die Ponys als Wagenpferde und im Bergbau genutzt. 1899 kam es innerhalb der „National Pony Society" zu einer „Exmoor Division". Erst 1921 wurde die unabhängige „Exmoor Pony Society" gegründet. Die Zahl der Exmoor-Ponys war nie sehr groß, hat aber auch nicht unter der Motorisierung gelitten. Als ursprüngliches und in Typ und Färbung sehr einheitliches Pferd wurde eine besondere Nähe zum Przewalskipferd unterstellt.

Verbreitung: Großbritannien. Nordamerika. Verschiedene europäische Länder.

Leistung: Anspruchslos, hart und ausdauernd. Energisches Temperament, doch gutmütiger Charakter. Hervorragende Galoppier- und Springanlagen. Raumgreifender Schritt.

Nutzung: Hauptnutzung Sport, Haut/Fell.

Organisation: RBST, ALBC, GEH

Hengst 140–145 Stute 135–140 | Hengst 480 Stute 450 | Nordengland | ***

Fell-Pony

Kennzeichen: Kleines Kaltblutpferd. Stark bemuskelt, gespaltene Kruppe, Schwanz tief angesetzt. Rappen, Schwarz- und Dunkelbraune; selten Schimmel. Wenig weiße Abzeichen. Stabiles Fundament. Kräftiges Langhaar.
Zuchtgeschichte: Bodenständige Rasse in Nord-England, die früher vor allem zum Tragen schwerer Lasten genutzt wurde. Ihre Heimat sind die „Fell's", die Höhenzüge von Cumbria (s. a. Fjäll (S) = Berg), wo die Ponys teilweise heute noch frei umherstreifen. Im 19. Jahrhundert diente es vor allem als Kutschpferd; man verfolgte von dort aus die Pferderennen (deshalb auch „Turf-Pony"). Zur Gründung der eigentlichen Rasse mit eindeutigem Zuchtziel kam es 1850. Ein Herdbuch besteht seit 1898. 1918 kam es zur Gründung der „Fell Pony Society". Schon nach dem Ersten Weltkrieg gingen die Bestände stark zurück. Zur Hengstschau 1932 erschienen nur noch drei Hengste. Später erholte der Bestand sich langsam wieder.
Verbreitung: Großbritannien. Einige Länder des europäischen Festlandes.
Leistung: Schnell, wendig und trittsicher. Hart, leistungsbereit und anspruchslos. Räumender Schritt, gute Sprunganlagen. Vielseitig zum Reiten und Fahren verwendbar. Gut für therapeutisches Reiten und Trekking geeignet. Anpassungsfähig; wird im Ursprungsgebiet ganzjährig extensiv gehalten; daher sehr robust.
Nutzung: Hauptnutzung Sport, Haut/Fell.
Organisation: RBST, ALBC

Hengst 164–168 Stute 160–166	Hengst 480–520 Stute 460–500	Ungarn	**

Furioso – North-Star

Mezöhegyesi felver (ung.), Mezoehegyes Halfbred (engl.)

Kennzeichen: Leichtes Warmblut. Meist Braune mit wenig Abzeichen. Gut bemuskelt. Tiefe Brust, kräftiger Rücken, ausgeprägter Widerrist. Gerade Profillinie des Kopfes. Kräftige Extremitäten mit trockenen Gelenken.

Zuchtgeschichte: Stammgestüt war ursprünglich Mezöhegyes in Ungarn. Gründerhengste sind die Englischen Vollblüter „Furioso" (geb. 1836) sowie „The North Star" (geb. 1844). Herdbücher gab es seit 1850. Die beiden Stämme wurde 1885 vereinigt. Er diente ursprünglich vorwiegend als Kavalleriepferd. Zuchtziel war ein gängiges, hartes Pferd. Nach dem Ersten Weltkrieg schuf man aus dem leichten ein schweres Warmblutpferd. Durch spätere Einkreuzungen von Englischem Vollblut wurde die Rasse erneut leichter. In den 60er Jahren des vergangenen Jahrhunderts wurde die Zucht nach Apajpuszta verlegt. Hier fanden Einkreuzungen von Englischem Vollblut sowie von Holsteinern statt, um ein für den Turniersport geeignetes Pferd zu schaffen. Heute fast nur noch in Restbeständen in Privatbesitz.

Verbreitung: Ungarn, Slowakei.

Leistung: Gutmütiger Charakter, ausgeglichenes Temperament. Robust und genügsam. Spätreif. Vielseitig verwendbares Reit- und Kutschpferd. Leistungsbereites Sportpferd. Geeignet für Arbeiten in der Landwirtschaft.

Nutzung: Hauptnutzung Sport.

Organisation: OMMI

Hengst 165–170 Stute 160–165	Hengst 500–550 Stute 450–500	Gestüt „Mezòhegyes"	**

Gidran

Kennzeichen: Mittelschweres Warmblut. Im Allgemeinen Füchse, gelegentlich auch Braune, selten Schimmel. Meist weiße Zeichnung an Kopf und Beinen. Tiefe Brust, langer Rücken, kaum abfallende Kruppe. Trockener Kopf mit gerader Profillinie. Kurze Ohren, langer Hals, schütteres Langhaar, kein Kötenbehang.
Zuchtgeschichte: Die Rasse geht auf den in Triest geborenen Araber-Hengst „Siglav Gidran" zurück, der 1826 nach Ungarn kam. Die Zucht wurde, unter Verwendung etlicher anderer Rassen, auf dem Staatsgestüt „Mezòhegyes" südöstlich von Budapest aufgebaut. Ab 1862 wurde Englisches Vollblut als Deckhengste eingesetzt. Das Ergebnis war eine Rasse im anglo-arabischen Typ. Nach dem Ende der K. u. K.-Monarchie fiel ein Teil des Bestandes an Rumänien; von dort wurden etliche Zuchttiere nach Österreich überführt. Nur im ungarischen Gestüt „Sütveny" wurde Reinzucht betrieben. Seit 1989 befindet sich dieser reinrassige Gidran-Bestand im Gestüt „Borodpuszta". Ein Herdbuch gibt es seit Gründung der Rasse.
Verbreitung: Ungarn, Rumänien, Bulgarien, Polen, Tschechien, Österreich, Deutschland und andere europäische Staaten.
Leistung: Hart und genügsam. Spätreif, aber fruchtbar und langlebig. Vielseitig verwendbar, insbesondere für alle Formen des Reitsports. Leistet als Kutschpferd und in der Landwirtschaft gute Dienste.
Nutzung: Hauptnutzung Sport, Arbeit.
Organisation: OMMI

Hengst 140–148 Stute 138–145	Hengst 550 Stute 450	Schottland	**

Highland Pony

Kennzeichen: Kompaktes Pony. Dominierend ist die Falbfarbe von mausfarbig über goldfalb bis hellbraun. Seltener kommen Schimmel, Braune und Rappen vor. Häufig Aalstrich sowie an den Beinen Zebrazeichnung. Edler, kleiner Kopf mit breiter Stirn; kleine Ohren. Kompaktes Fundament. Dichtes Langhaar.

Zuchtgeschichte: Ponys gab es im Hochland von Schottland schon seit undenklicher Zeit. Seit 1745 Einsatz größerer südländischer. Highland Ponys wurden allgemein extensiv gehalten oder verwilderten gar völlig. Ende des 18. Jahrhunderts gab es im schottischen Hochland kaum noch Pferde; man konzentrierte sich auf die Schafzucht. Vorübergehend kam es zu einer Veredelung durch Araber. Ende des 19. Jahrhunderts prägte der schottische Schimmelhengst „Herd Laddie" die Zucht. Noch Anfang des 20. Jahrhunderts teilte man die Highland Ponys der Größe entsprechend in drei Klassen ein. Erst nach dem Ersten Weltkrieg bildete sich ein einheitlicher Typ heraus. 1923 wurde die „Highland Pony Society" gegründet. Ein Herdbuch gibt es schon seit 1880.

Verbreitung: Großbritannien, Frankreich, Deutschland und viele andere Länder.

Leistung: Robust, widerstandsfähig und genügsam. Anspruchslos, ausdauernd und leistungsbereit. Sensibel. Vielseitig. Gut für Dressur und als Kutschpferd. Hervorragendes Therapiepferd.

Nutzung: Hauptnutzung Sport, Haut/Fell, Arbeit.

Organisation: RBST

Hengst 135–145 Stute 132–142	Hengst 420 Stute 380	Huzulei in den Karpaten	*

Huzule

Hucul (poln.), Huculské Plemeno (slowak.), Hutsul (engl.), Huculsky (tschech.)

Kennzeichen: Kompaktes Bergpony. Am häufigsten kommen Dunkelbraune und Falben sowie Schecken vor. Rappen, Füchse und Schimmel sind selten. Ausdrucksvoller Kopf. Dichtes Langhaar. Stabiles Fundament.
Zuchtgeschichte: Die Rasse ist schon seit Jahrhunderten bekannt. Sie entstand aus bodenständigen Pferden in der jetzt zur Ukraine gehörigen Huzulei. Es wird die Beteiligung von Orientalen und Arabern angenommen. Das Herdbuch stammt von 1788, doch erst seit den 70er Jahren des 19. Jahrhunderts kann man von einer geregelten Zucht sprechen. Danach entstanden sechs verschiedene Hengstlinien. Wesentlichen Anteil an der rumänischen Zucht hat das Gestüt „Lucyna", das schon 1775 gegründet wurde. Besondere Bedeutung für die Zucht hatte der Hengst „Goral". Man spricht von drei verschiedenen Huzulen-Typen. Die größten stehen in Rumänien, die formschönsten in Polen. Seit 1979 gibt es in Mitteleuropa eine Initiative zur Erhaltung der Rasse.
Verbreitung: Rumänien, Tschechien, Slowakei, Polen, Großbritannien sowie Mitteleuropa und die Ukraine.
Leistung: Gutes Arbeits-, Trag- und Reitpferd. Hart und trittsicher. Robust, zäh und enorm arbeitswillig. Guter Futterverwerter, sehr fruchtbar. Respektables Sprungvermögen; gute Eignung für Distanzritte.
Nutzung: Hauptnutzung Arbeit, Sport, Haut/Fell.
Organisation: Landwirtsch. Fakultät Uni Bukarest, ROM – 71331

Hengst 145–153 Stute 143–150	Hengst 420–460 Stute 400–430	Halbinsel Kathiawar, IND	*

Kathiawari

Kathiawar

Kennzeichen: Leicht gebautes Warmblut. Meist Braune, aber auch Schimmel, Füchse und gelegentlich Schecken. Eingedellte Profillinie des Kopfes. Langbeinig. Die Ohrspitzen zeigen extrem nach innen; wenn die Ohren aufmerksam hochgestellt sind, berühren die Spitzen einander fast.

Zuchtgeschichte: Bodenständige Rasse von der Halbinsel Kathiawar im Westen Indiens nahe der Grenze zu Pakistan. Sie ist das Produkt des dortigen heißen und trockenen Klimas. Unter der britischen Herrschaft sollen Araber sowie Pferde aus Südafrika eingekreuzt worden sein. Im 19. Jahrhundert war der Kathiawari ein von den Maharadschas und der britischen Armee geschätztes Kavalleriepferd. Es werden 28 Zuchtstämme unterschieden.

Verbreitung: Indien.

Leistung: Genügsam und robust. Temperamentvoll; nicht immer leicht zu handhaben; einzelne Pferde werden als launisch beschrieben. Flotter Galopp. Statt zu traben gehen Pferde dieser Rasse in einem weichgleitenden Pass; man spricht sogar von Kathiawari-Gang. Im Verbreitungsgebiet der Rasse wird diese Fortbewegungsart als „Raval Chal“ bezeichnet. Darunter versteht man, dass aus einem mit Wasser gefüllten Glas auf dem Rücken des Pferdes während der Passbewegung kein Wasser herausspritzt.

Nutzung: Hauptnutzung Sport, Arbeit.

Organisation: National Bureau of Animal Genetic Resources, Karnal, 132 001 Haryana, Indien.

Hengst 130–138
Stute 130–136

Hengst 380–450
Stute 350–400

Quellgebiet des Kiso-Flusses, JA

*****

Kiso

Kiso Uma (jap.)

Kennzeichen: Stämmiges Pony. Vor allem Braune, Dunkelbraune und Rappen, aber gelegentlich auch die anderen Grundfarben. Mähne und Schweif sind üppig. Schwerer Kopf. Stämmige Beine.

Zuchtgeschichte: Dieses Pferd ist in der Nagano-Präfektur im Südwesten der japanischen Hauptinsel Honshu heimisch, und zwar im Quellgebiet des Kiso-Flusses am Berg Ontake. Es soll ursprünglich vom asiatischen Festland stammen. Die Regierung der Kiso-Region förderte die Zucht, so dass bald mehr als 10 000 Tiere zur Verfügung standen. Ende des 19. Jahrhunderts führten die Japaner mit verschiedenen Staaten Krieg. Dabei stellten sie fest, dass die eigenen Pferden denen der anderen Mächte an Größe und Kraft unterlegen waren. Daraufhin verfügte das Militär ein Zuchtprogramm zur Kreuzung des Kiso-Pferdes mit verschiedenen ausländischen Rassen. Durch die Motorisierung wurde das Pferd zurückgedrängt. Um 1960 gab es noch 2000 Exemplare; bereits 1967 waren es nur noch 470. Die Zahl ging Ende des vergangenen Jahrhunderts auf weniger als 100 zurück.

Verbreitung: Südwesten der Insel Honshu/Japan.

Leistung: Robust und anspruchslos. Gutmütig und arbeitswillig. Als Reitpony für Kinder und Jugendliche geeignet.

Nutzung: Hauptnutzung Sport, Haut/Fell.

Organisation: –

Hengst 150–165
Stute 148–160

Hengst 550–700
Stute 550–650

Insel Seeland, DK

****

Knabstrupper

Dansk Knabstrupper Hest (dän.)

Kennzeichen: Uneinheitlich im Typ; es werden Barocker (leichtes Kaltblut), Moderner und Pony-Typ unterschieden. Mehr oder weniger kleine schwarze Flecken auf weißem Grund. Rumpf stark bemuskelt. Schweif tief angesetzt. Relativ kurzer Ramskopf. Birkauge. Kräftiges Langhaar. Solides Fundament.

Zuchtgeschichte: Bildete sich im Barock unter dem Einfluss spanischer Pferde aus dem Frederiksborger heraus. Zentrale Bedeutung für die Zucht hatte der Tigerscheckhengst „Papillon". Ende des 18. Jahrhunderts wurden die Tigerschecken auf dem Gut Knabstrup auf der Insel Seeland gezüchtet. Mitte des 19. Jahrhunderts bekamen die dort gezüchteten Tigerschecken ihren jetzigen Namen. Wesentliche Bedeutung hatte Mitte jenes Jahrhunderts die andalusische Tigerscheckstute „Flaebehoppen" als Stammstute. Schon Ende des 19. Jahrhunderts ging die Zahl der Tiere zurück. 1932 wurde ein „Verein zur Förderung der Knabstrupper Zucht" gegründet. 1970 kam es zur Gründung der „Knabstrupper-Foreningen for Danmark", die das Stutbuch führt.

Verbreitung: Dänemark, Deutschland, Norwegen, Italien, Großbritannien.

Leistung: Kräftig, leistungsbereit und ausdauernd. Intelligent und sensibel. Temperamentvoll, gelegentlich eigensinnig. Kutsch- und Dressurpferd. Häufig im Zirkus zu sehen.

Nutzung: Hauptnutzung Sport, Haut/Fell.

Organisation: Knabstrupper-Foreningen for Danmark

Hengst 130–138 Stute 128–135	Hengst 350–400 Stute 320–360	Polen	*

Konik

Mierzyn (pol.), Konik Polski (pol.)

Kennzeichen: Kompaktes Pony. Mausgrau bis falb. Aalstrich sowie häufig Zebrastreifung an den Beinen. Edler, kleiner Kopf, gedrungener Rumpf, kräftiges Langhaar. Gediegenes Fundament.

Zuchtgeschichte: Innerhalb der bäuerlichen Pferdepopulation Polens traten immer wieder einzelne Tiere gleicher Färbung auf, die man für Nachkommen des fiktiven Waldtarpans hielt. Aus solchen mausgrauen und hellbraunen Pferden baute man einen Bestand auf; ein Teil der Tiere wurde ausgewildert. Die Zucht erfolgt gegenwärtig in Popielno sowie einigen weiteren Gestüten. Durch züchterische Maßnahmen entstand aus dem typischen polnischen Panje-Pferd der Konik als eigenständige Rasse. Diese steht zwar dem echten Wildpferd, dem Przewalskipferd, in Form und Größe recht nahe, ist aber mit ihm nicht zu vergleichen. Wegen seines wildpferdähnlichen Aussehens wird der Konik gelegentlich in der Landschaftspflege eingesetzt.

Verbreitung: Polen, Niederlande, Deutschland und andere mitteleuropäische Länder.

Leistung: Hart und zäh. Robust und leichtfuttrig. Unermüdlicher Arbeiter in der Landwirtschaft. Bei entsprechender Fürsorge in der Landschaftspflege einsetzbar. Die ausgewilderten Tiere sind nicht **ver**wildert, sondern drängen sich dem Menschen geradezu auf. Selbst sie sind vielseitig zum Reiten oder vor der Kutsche verwendbar.

Nutzung: Hauptnutzung Arbeit, Sport, Landschaftspflege.

Organisation: Department of Genetics, Ul Ciszewskiego 8, PL – 02786 Warschau

Hengst 158 Stute 156	Hengst 550 Stute 500	Österreich	*

Lipizzaner

Lipizzano (ital.), Lipicanski (slow.), Lipicai (ung.)

Kennzeichen: Barocke Formen. Fast ausschließlich Schimmel, nur vereinzelt Braune, Rappen oder Füchse. Die Fohlen werden pigmentiert geboren. Kräftiger Hals, Starke Kruppe. Profillinie leicht ramsnasig oder gerade.
Zuchtgeschichte: Diese Rasse entstand schon Ende des 16. Jahrhunderts durch Einkreuzung von Andalusiern und Arabern in die bodenständige Pferdepopulation im Karst (damals Österreich, heute Slowenien). Aus diesen Tieren bildeten sich im Laufe der nächsten Jahrhunderte mehrere Linien. Zunächst waren alle Grundfarben vertreten. Erst im Verlaufe der Zeit wurde der typische Lipizzaner ein Schimmel. Anfangs lag die Hauptzuchtstätte in Lipica, nördlich von Triest. Nach der Neugliederung der Region wurde Piber in der Steiermark Stammgestüt. Hier werden bis jetzt die Nachwuchshengste für die Spanische Reitschule in Wien gezogen. Der Lipizzaner hat wie die orientalischen Pferde einen Lendenwirbel weniger als bei Pferden üblich (5 statt 6). Er ist hierdurch besonders gut für die Dressur geeignet.
Verbreitung: Vor allem in Österreich, Slowenien und Italien, aber auch in vielen anderen europäischen sowie außereuropäischen Ländern.
Leistung: Spätreif und langlebig. Genügsam und ausdauernd. Angeboren hohe Knieaktion. Gelehrig; für viele sportliche Disziplinen geeignet.
Nutzung: Hauptnutzung Sport, Haut/Fell.
Organisation: Bundesgestüt Piber, Piber 1, A – 8580 Köflach, ALBC

Hengst 150–158 Stute 148–155	Hengst 500–550 Stute 450–500	Maremma, Mittelitalien	*

Maremmano

Kennzeichen: Mittelschwere Warmblutrasse. Es werden bei den Hengsten nur Rappen und Braune zur Zucht eingesetzt; bei den Stuten ist auch die Fuchsfarbe zugelassen. Weiße Abzeichen sind unerwünscht. Überdurchschnittlich langer, leicht ramsnasiger Kopf. Üppige Mähne. Gute Rumpftiefe. Relativ kurze, stämmige Beine. Kräftiger Schweif.
Zuchtgeschichte: Bodenständige Rasse der Maremma, eines Küstenstreifens am Thyrhenischen Meer nördlich von Rom. Die Pferde sind seit Jahrhunderten bekannt. Sie wurden stets in der Landwirtschaft, vor allem aber zum Hüten der Rinder genutzt. Aufschwung bekam die Zucht durch die Trockenlegung der Pontinischen Sümpfe im 19. Jahrhundert. Der Erzbischof von Pisa ließ damals zwei englische Halbblüter sowie je einen Araberhengst und einen Andalusier zur Zucht aufstellen. Nach dem Zweiten Weltkrieg ging die Bedeutung der Rasse stark zurück. Ein Zuchtbuch gibt es seit 1979. Seit 1960 wird die Rasse mit Englischem Vollblut veredelt.
Verbreitung: Maremma und deren Umgebung. Der Schwerpunkt der Zucht liegt in den Provinzen Viterbo, Grosseto und Latium.
Leistung: Robust und anspruchslos. Ausgeglichenes Temperament, Ruhig und zuverlässig. Spätreif, aber langlebig. Durch die Selektion auf Eignung für die Hirten gut für Wander- und Distanzritte geeignet.
Nutzung: Hauptnutzung Landschaftspflege, Sport.
Organisation: Associazione Nationale Allevatorri Cavallo Razza Maremmana, Via Canova, 13/A, I-5800 Grostto

Hengst A: 125–132 Stute A: 123–130	Hengst A: 300–350 Stute A: 280–330	Mazedonien	***

Mazedonier

Makedonisches Bergpferd

Kennzeichen: Kräftiges, elegantes Kleinpferd im orientalischen Typ. Meist Braune, Dunkelbraune oder Rappen. Kaum weiße Abzeichen. Schlanker Rumpf, trockenes Fundament. Kräftiges Langhaar (Mähne, Schweif). Es werden zwei verschieden große Typen A: Tarpantyp und B: Prewalskityp mit Widerristhöhen Hengst 140–146, Stute 138–145 und Gewicht Hengst 380–420, Stute 350–400 kg unterschieden.

Zuchtgeschichte: Bodenständiges, an raues Gebirgsklima angepasstes Kleinpferd. Vermutlich ist es auf die altgriechische Thessalische Rasse zurückzuführen. Während der Türkenherrschaft vom 14. bis Anfang des 20. Jahrhunderts wurde der Mazedonier stark von orientalischen Pferden beeinflusst. Vor allem nach dem 2. Weltkrieg kam es immer wieder zur Einkreuzung von Bosniaken, Berbern und Arabern. In Abhängigkeit von den Haltungsbedingungen und der Ernährungsgrundlage, sehr unterschiedlich in Größe und Typ. Durch Landflucht und Motorisierung im Ursprungsgebiet fast verdrängt. Er hat in Mitteleuropa eine engagierte Anhängerschaft.

Verbreitung: Mazedonien, Jugoslawien, Griechenland, Mitteleuropa.

Leistung: Anspruchslos und gutartig. Mutig und ausdauernd. Trittsicher, hervorragender Kletterer. Früher in der Landwirtschaft und als Tragpferd verwendet. Ausgezeichnetes Vielseitigkeitspferd. Gutes Freizeitpferd für Kinder und Erwachsene.

Nutzung: Hauptnutzung Sport, Haut/Fell, Arbeit.

Organisation:

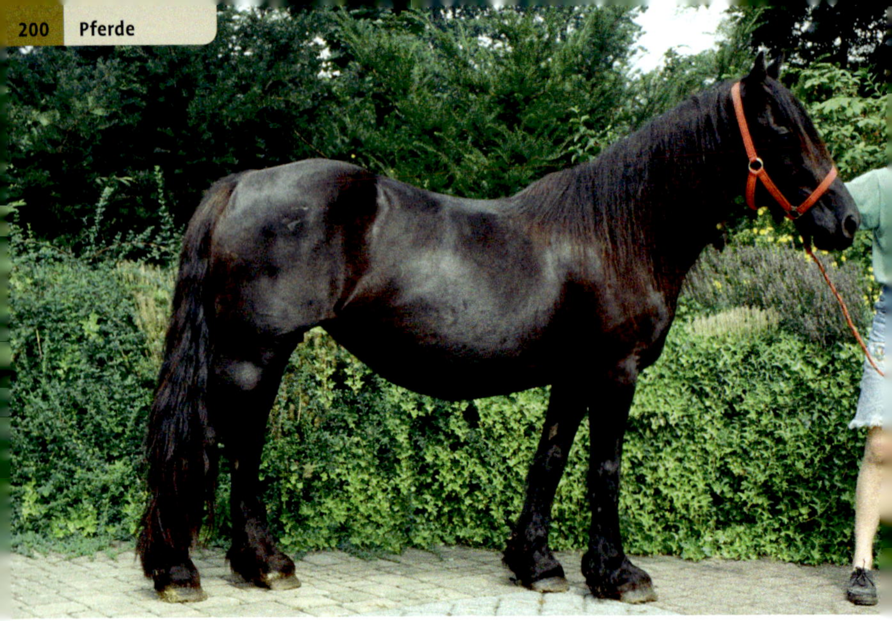

Hengst 135–147 Stute 135–140	Hengst 600 Stute 550	Östliche Pyrenäen, F	**

Merens

Poney Ariégeois Mérens (franz.), Merens Pony (engl.)

Kennzeichen: Kompaktes Pony. Schwarz ohne Abzeichnen. Kleiner, ausdrucksvoller Kopf.; kurze Ohren. Kruppe stark bemuskelt mit tiefem Schweifansatz. Kurze, stämmige Beine. Kräftiges Langhaar. Wenig Kötenbehang.

Zuchtgeschichte: Bodenständiges Pony aus den östlichen Pyrenäen. Benannt ist es nach einem Tal bzw. nach einem kleinen Fluss nördlich von Andorra. Es wurde über Jahrhunderte extensiv gehalten und züchterisch kaum bearbeitet. Dadurch blieb es allerdings auch weitgehend frei von Fremdblut. 1901 wurde die Rasse offiziell anerkannt. Damals gab es noch zwölf verschiedene Hengstlinien. Seit 1908 werden die Zuchttiere sorgfältig ausgewählt. 1933 bildete sich ein Interessenverband. Die Zucht wird heute vom „Syndicat d'Elevage du Cheval de Merens" organisiert, die seit 1948 auch das Gestütbuch herausgibt. Die heutige Zucht geht im wesentlichen auf den 1947 eingetragenen Hengst „Vigoureux" zurück. Die Rasse wurde mit gutem Erfolg in einige andere Rassen der Pyrenäen eingekreuzt.

Verbreitung: Frankreich (Pyrenäen und Alpen), Afrika, Deutschland.

Leistung: Robust und genügsam. Zäh im Arbeitseinsatz. Gutes Reitpferd für Jugendliche. Unermüdlich vor dem Wagen. Unempfindlich gegen Kälte und Nässe. Langlebig und fruchtbar. Gute Milchleistung der Stuten.

Nutzung: Hauptnutzung Arbeit, Sport, Milch, untergeordnet Haut/Fell.

Organisation: IEDG

Hengst 130–135 Stute 130–135	Hengst 380–420 Stute 350–400	Insel Kiushu, JA	*****

Misaki

Miysaki Uma (jap.)

Kennzeichen: Proportioniertes Kleinpferd mit nicht zu schwerem Knochenbau. Es überwiegen Braune und Dunkelfüchse, gelegentlich kommen Rappen vor. Die Tiere besitzen im Allgemeinen keine weißen Abzeichen. Schwerer Kopf. Kräftige, buschige Mähne.
Zuchtgeschichte: Die Tiere leben verwildert auf der kaum besiedelten Halbinsel Toi im Süden der subtropischen japanischen Insel Kiushu. Die Population ist seit über 300 Jahren bekannt. Sie umfasst gegenwärtig ungefähr 100 Pferde. Da diese nicht verfolgt werden, zeigen sie dem Menschen gegenüber keine Scheu. Den Tieren stehen ungefähr 500 ha zur Verfügung. Eine gewisse Zuchtwahl besteht darin, dass ein Teil der Junghengste kastriert wird. Seit einigen Jahrzehnten erhalten alle Fohlen einen Brand. Es wird vermutet, dass das Misaki, wie alle einheimischen Rassen Japans, ursprünglich von Mongolenponys abstammt. Miysaki ist das japanische Wort für „Halbinsel". Seit 1953 gelten die Pferde als „Nationalschatz"; die Halbinsel Toi ist Nationalpark.
Verbreitung: Halbinsel Toi auf der japanischen Insel Kiushu.
Leistung: Robust und anspruchslos. Gut für die Landschaftspflege geeignet. Touristenattraktion. Ohne große wirtschaftliche Bedeutung.
Nutzung: Hauptnutzung Landschaftspflege, Haut/Fell.
Organisation: Department of Genetic Resources, Kannondai, Tsukuba, 305 Japan.

Hengst 140–148 Stute 137–145	Hengst 450 Stute 430	Grafschaft Hampshire, GB	*

New Forest

Kennzeichen: Hoch im Blut stehendes Pony. Es kommen alle Grundfarben vor: Braune, Rappen, Füchse und Schimmel; gelegentlich Schecken, die jedoch unerwünscht sind, weil sie auf Einkreuzungen hindeuten. Feiner, an den Araber erinnernder Kopf; stabiles Fundament.
Zuchtgeschichte: Der „New Forest" ist nicht mehr so ganz neu. Er hat seinen Namen, weil Wilhelm der Eroberer das Gebiet im 11. Jahrhundert aufforsten ließ. Die Pferde laufen frei im Gelände herum. Schon Mitte des 18. Jahrhunderts kam dort ein Hengst des Englischen Vollbluts, Mitte des 19. Jahrhunderts ein Araberhengst zum Deckeinsatz. Deren Nachkommen konnten sich allerdings unter den harten Haltungsbedingungen kaum durchsetzen. Deshalb wurden Ende des Jahrhunderts Hengste anderer Ponyrassen (Dartmoor, Exmoor, Fell) eingeführt. Die Folge war, dass das New-Forest-Pony in Typ und Größe stark variierte. Seit 1891 gibt es einen Verband, der die Zucht steuert. 1910 wurde das erste Stutbuch herausgegeben. Seit einem halben Jahrhundert ohne Fremdblut.
Verbreitung: Großbritannien, Niederlande, Deutschland.
Leistung: Freundlich, intelligent und gutmütig. Ruhiges Temperament, zuverlässig. Gutes Galoppier- und Springvermögen. Als Reitpferd für Kinder, Jugendliche und Erwachsene geeignet. Leistet im Fahrsport Beachtliches.
Nutzung: Hauptnutzung Sport, Haut/Fell.
Organisation: RBST

Hengst 157–165
Stute 155–162

Hengst 600–650
Stute 550–600

Oldenburg i. O., D

***

Oldenburger

Kennzeichen: Schweres Warmblut. Braun, dunkelbraun oder schwarz mit wenig Abzeichen. Meist ramsköpfig. Gut bemuskelt. Kräftiges Fundament.

Zuchtgeschichte: Das Großherzogtum Oldenburg war zumindest seit dem 16. Jahrhundert für seine guten Pferde bekannt. Im 17. Jahrhundert zeigte insbesondere Graf Anton Günther großes züchterisches Verständnis. Im 19. Jahrhundert entstand das schwere Warmblut, dass vor allem als Kutsch- und Arbeitspferd Verwendung fand. Dieser Oldenburger bildete z. B. die Grundlage des Rottalers; in den USA wurde ein Oldenburger Stutbuch eröffnet. Noch Anfang des 20. Jahrhunderts war die gute Qualität des Oldenburgers das Ergebnis einer äußerst scharfen Körung. So bestanden 1909 von 223 vorgestellten Hengsten lediglich zwölf diese Prüfung. Nachdem kaum noch Bedarf an Arbeitspferden bestand, erfolgte in den 60er Jahren des vergangenen Jahrhunderts die Umzüchtung auf ein leichteres, rittigeres Pferd. Nur noch in kleinen Zuchtinseln sowie in der DDR wurde das Schwere Warmblut geschätzt.

Verbreitung: Oldenburg in Niedersachsen. Als „Schweres Warmblut" in Sachsen.

Leistung: Hart, wetterfest und robust. Leistungswillig und vielseitig. Ruhiges Temperament. Energische, effektvolle Trabbewegungen. Elegantes, schweres Kutschpferd.

Nutzung: Hauptnutzung Sport, Haut/Fell, untergeordnet Arbeit.

Organisation: GEH

Hengst 162 Stute 160	Hengst 650 Stute 600	Ostfriesland, D	****

Ostfriese

Kennzeichen: Schweres Warmblut mit großer Breite und Tiefe des Rumpfes. Kräftig bemuskelt. Stabiles Fundament. Kopf leicht ramsnasig. Fast ausschließlich Rappen oder Braune.
Zuchtgeschichte: Auf der ältesten Abbildung eines ostfriesischen Pferdes von 1609 steht diese Rasse an der Grenze zwischen schwerem Warmblut und Kaltblut. Zu Beginn des 18. Jahrhunderts stammten die zur Zucht eingesetzten Hengste aus vielen verschiedenen Ländern. Eine gewisse Einheitlichkeit wurde durch eine 1715 erlassene Verordnung erreicht, durch die die erste Hengstkörung der deutschsprachigen Länder eingeführt wurde. Ab 1843 sollte ein vornehmes Wagenpferd gezüchtet werden, das sich für den schweren Zug eignet. Man bemühte sich um eine gewisse Veredelung und setzte große, starke Hengste ein. Diese Maßnahme führt zu einem vielseitigen Zug- und Sprungpferd. Die Qualität des Ostfriesen war auch daran zu erkennen, dass es viele Nachzuchtgebiete gab. 1964 gab Ostfriesland die Zucht des Schweren Warmbluts auf.
Verbreitung: Ostfriesland und Ostdeutschland.
Leistung: Ruhiges, umgängliches Pferd. Gut für Dauerbelastungen geeignet. Sehr gute Eignung als Wagenpferd und für den Fahrsport. Schwungvolle, raumgreifende Bewegungen. Frühreif; hohe Fruchtbarkeit.
Nutzung: Hauptnutzung Arbeit, Sport, Haut/Fell.
Organisation: GEH

Hengst 145–152 Stute 142–150	Hengst 550–650 Stute 500–550	Posavina, HR	**

Posaviner

Posavač (slow.), Hvratski Posavac (kroat.)

Kennzeichen: Kleines Kaltblutpferd; kompakt, tief und breit. Braune, Dunkelbraune und Rappen. Gelegentlich Grauschimmel. Wenig weiße Abzeichen. Kurzer Hals, tief angesetzter Schweif. Dichtes Langhaar. Kräftiges Fundament. Flache Hufe; Kötenbehang.

Zuchtgeschichte: Bodenständige Rasse in Zentral-Kroatien in der Umgebung von Sisak. Im Laufe der Jahrhunderte wurden arabische und spanische Pferde sowie Kaltblüter eingekreuzt. Da die Pferde in der arbeitsarmen Zeit aber frei in Flussauen und Wäldern herumliefen, ist der Posaviner zu einem guten Teil auch das Ergebnis natürlicher Selektion. Nach dem Zweiten Weltkrieg wurden rassefremde Kaltbluthengste zum Decken eingesetzt, sofern die Zucht nicht ganz unterbunden wurde. Die Folge war, dass die Rasse fast nur noch auf kleinbäuerlichen Betrieben vorkam. 1993 wurde ein Zuchtverband gegründet; seit 1995 gibt es ein Herdbuch. Danach wurde ein Rassestandard erstellt.

Verbreitung: Kroatien, Slowenien.

Leistung: Anspruchslos und zäh. Gut angepasst an Feuchtgebiete und schwere Böden. Langlebig und fruchtbar. Lebhaft und temperamentvoll, doch freundlich und gehorsam. Arbeitswillig in Land- und Forstwirtschaft. Wird teilweise noch zum Treideln an der Save verwendet. Zügig im Schritt, recht gutes Sprungvermögen.

Nutzung: Hauptnutzung Sport, Haut/Fell, Arbeit.

Organisation: Faculty of Agriculture, Svetosimunska 25, HR – 41000 Zagreb

Hengst 120–140 Stute 118–135	Hengst 350 Stute 300	Baskenland, F, E	**

Pottok

Pottoka (span.), Basken-Pony, Poni Vasco, Pottiock

Kennzeichen: Stämmiges Gebirgspony. Dunkelbraune oder Rappen, seltener Hellbraune, Füchse und dreifarbige Schecken. Kompakter, muskulöser Rumpf; starke Extremitäten. Tief angesetzter Schweif. Buschige Mähne, kräftiger Schweif. Kleine, schmale Hufe.

Zuchtgeschichte: Bodenständiges Pony des französischen und spanischen Baskenlandes sowie deren Vorland. Wurde extensiv gehalten und hat sich gut an die Verhältnisse im Gebirge angepasst. Gelegentlich Einkreuzung spanischer Pferde. 1971 wurde in Frankreich ein Stutbuch eingerichtet, dem folgte 1979 ein Ausbildungs- und Trainingszentrum in der Stadt Espelette. 1978 Festlegung eines einheitlichen Zuchtstandards. In Spanien entstand erst 1987 ein Zuchtverband, der – wie in der Region üblich – zwei Namen hatte: auf spanisch „Asociación des Criadores de Pottoka", auf baskisch „Pottokazaleak". Der Pottok findet in beiden Ländern zunehmend Anklang; die Bestände steigen. In der Sprache der Basken bedeutet „Pottok" kleines Pferd.

Verbreitung: Westliche Pyrenäen und angrenzende Gebiete auf spanischer und französischer Seite.

Leistung: Gelehrig und leistungsbereit. Temperamentvoll, aber gutmütig. Fruchtbar und langlebig. Als Trag-, Zug- und Reitpferd bewährt. Für Kinder und Jugendliche bestens geeignet.

Nutzung: Hauptnutzung Sport, Haut/Fell, Landschaftspflege.

Organisation: La Maison du Pottok, F – 64780, Bidarray

Hengst 160–165 Stute 158–162	*Hengst 600 Stute 500*	*Rottal, Bayern, D*	*****

Rottaler

Kennzeichen: Edles, großliniges und korrektes Warmblutpferd. Kräftig, tief am Boden stehend. Vor allem Braune mit wenig Abzeichen, seltener Rappen. Tiefe und breite Brust, mittelhoch angesetzter Schweif, klare und kräftige Gelenke.
Zuchtgeschichte: Der Rottaler war ursprünglich ein leichtes Warmblut. Für den stärkeren Einsatz in der Landwirtschaft wurde im 19. Jahrhundert ein kräftigeres Pferd benötigt. Es wurden Holsteiner Hengste sowie Cleveländer aus England eingestellt. Ab 1857 wurden Oldenburger Hengste eingeführt. Sie veränderten den Typus des Rottalers deutlich. Um 1900 war der Rottaler vom Oldenburger kaum zu unterscheiden. 1906 wurde der „Rottaler Warmblutpferdezuchtverein“ gegründet. Besondere züchterische Bedeutung bekam der 1930 im Stammgestüt Achselschwang geborene Hengst „Gardist“. Der Einbruch kam in den 60er Jahren. Nach 1980 gab es nur noch zwei Hengste mit Rottaler Blutführung: „Morketo“ und „Weltenburg“. Seitdem wieder leichter Aufschwung. 1988 wurde die „Interessengemeinschaft Rottaler Warmblut“ gegründet. Die Bayerische Regierung fördert die Haltung des Rottalers finanziell.
Verbreitung: Bayern.
Leistung: Vielseitiges Wirtschaftspferd. Gutes Reitpferd, erfolgreich in mehreren sportlichen Disziplinen. Wird als Kutschpferd heute immer noch geschätzt; berühmt ist der Rottaler Zehnerzug. Ausdauernd und wendig. Gutmütig und nervenstark.
Nutzung: Hauptnutzung Sport, Haut/Fell.
Organisation: GEH

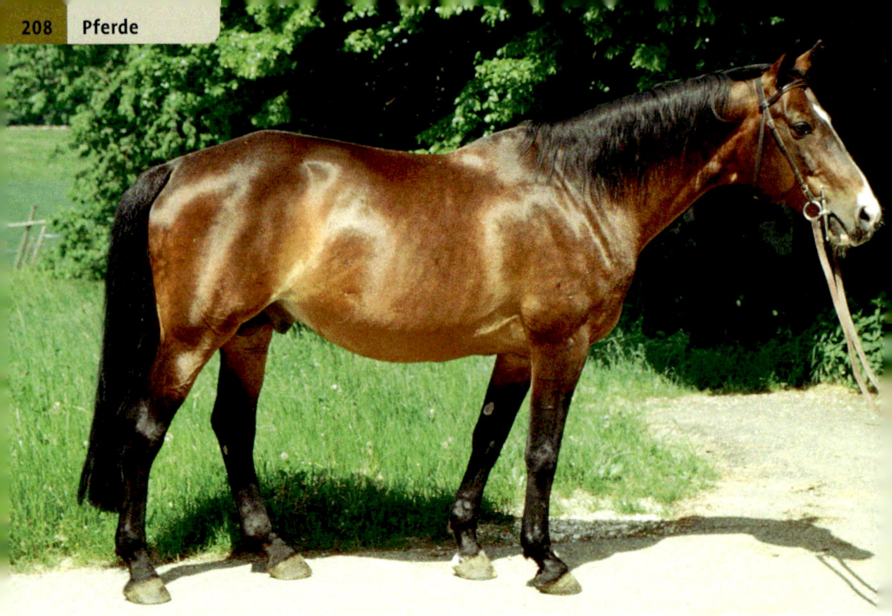

Hengst 163 Stute 160	Hengst 500 Stute 450	Ungarn	****

Sárvár

Leutstettener

Kennzeichen: Leichtes Warmblut. Meist Braune, seltener Rappen, gelegentlich Füchse. Meist ohne Abzeichen.
Zuchtgeschichte: Die beiden Englischen Vollblüter „Furioso“ und „The North Star“ begründeten Mitte des 19. Jahrhunderts auf dem ungarischen Staatsgestüt Mezöhegyes neue Stämme. Das ungarische Gestüt Sárvár züchtete über viele Generationen Pferde auf mezöhegyener Grundlage. Sie trugen den Rassenamen „Sárvár“. 1875 fiel Sárvár an das Haus Wittelsbach. Im Winter 1944/45 kam ungefähr die Hälfte des dortigen Pferdebestandes auf das Gestüt Leutstetten südlich von München. Hier weitgehend eigenständige Zucht nach den bisher praktizierten züchterischen Grundsätzen. Die Verbundenheit dieses Leutstettener Pferdes mit Ungarn kommt immer noch in der Namensgebung der Tiere zum Ausdruck. Jedes Pferd erhält außerdem, wie in Ungarn üblich, seinen Gestütsbrand in der linken, den Vaterbrand in der rechten Sattellage. 1982 wurde ein Großteil der Leutstettener Herde an Ungarn zurückgegeben. Die Zukunft der deutschen Zucht ist ungewiss. Der Leutstettener wird von der Bayerischen Regierung finanziell gefördert.
Verbreitung: Oberbayern, Ungarn.
Leistung: Ausdauernd, hart und genügsam. Wenig anspruchsvoll, fruchtbar und langlebig. Blutgeprägtes, edles Reitpferd. Raumgreifende Gänge, ausgeglichenes Temperament. Charakterfest. Hervorragend geeignet für Dressur und Fahrsport, besonders aber die Vielseitigkeit.
Nutzung: Hauptnutzung Sport, Haut/Fell.
Organisation: GEH

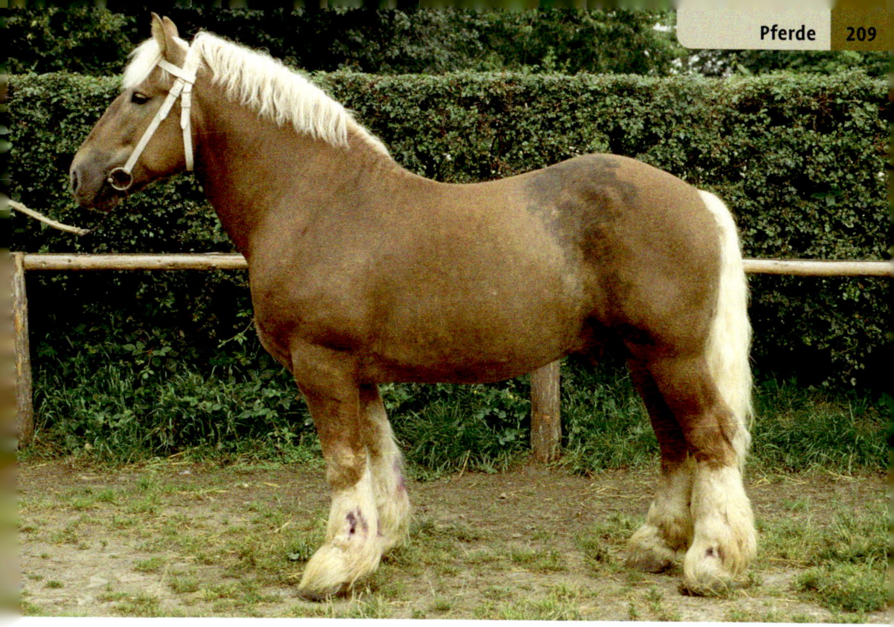

Hengst 160 Stute 158	Hengst 750–850 Stute 700–750	Schleswig, D	****

Schleswiger Kaltblut

Kennzeichen: Gedrungenes, kurzbeiniges Kaltblutpferd im mittleren Rahmen. Vorherrschend ist die Fuchsfarbe, in geringem Ausmaß kommen Schimmel vor. Seidiges Langhaar.
Zuchtgeschichte: Kaltblutpferde gibt es im Landesteil Schleswig seit vielen Jahrhunderten. Die Zucht wurde wesentlich durch den schweren Suffolkhengst „Oppenheim" beeinflusst, der um 1860 nach Dänemark eingeführt wurde. Er prägte die Schleswiger Zucht sehr. Anfang des 20. Jahrhunderts wurde das Schleswiger Kaltblut stark vom Belgier beeinflusst. Eine Blütezeit erreichte die Rasse nach dem zweiten Weltkrieg. Damals hatte der Verband 15 000 Mitglieder mit ungefähr 25 000 eingetragenen Stuten. Vom Ende der 50er Jahre ging es mit der Zucht rasch abwärts. Der Verband löste sich 1976 auf. Im Jahre 1980 wurden nur noch 24 Fohlen geboren. Der Schwerpunkt der Zucht lag jetzt in Holstein. Seit Anfang der 80er Jahre wieder deutlicher Aufschwung. Gegenwärtig sind mehr als 200 Stuten registriert.
Verbreitung: Schleswig-Holstein und Niedersachsen. Gelegentlich in anderen deutschen Bundesländern.
Leistung: Raumgreifende Schritt- und Trabbewegungen. Lebhaft aber gutmütig. Hervorragend für Arbeiten in der Landwirtschaft geeignet, insbesondere auf den schweren Marschböden. Leistet beim Holzrücken gute Dienste. Ausdauernd und anspruchslos.
Nutzung: Hauptnutzung Arbeit, Haut/Fell.
Organisation: GEH

Hengst 152–156
Stute 150–155

Hengst 600–650
Stute 550

Schwarzwald, D

***

Schwarzwälder Fuchs

Schwarzwälder Kaltblut

Kennzeichen: Mittelschweres Kaltblutpferd. Harmonisch gebaut. Meist Füchse, wobei ein möglichst dunkles Kurzhaar und ein möglichst helles Langhaar erwünscht sind. Manchmal weißes Stichelhaar. Kräftiges, trockenes Fundament mit nur geringem Kötenbehang.
Zuchtgeschichte: 1896 schlossen sich die Züchter des Hochschwarzwaldes zur „Schwarzwälder Pferdezuchtgenossenschaft“ zusammen. Doch schon bald kam man zu der Überzeugung, die „Wälderhengste“ abzuschaffen, und die „Füchse“ durch Einkreuzung von Ardenner- und Belgierhengsten massiger und harmonischer zu machen. Durch den Einfluss von sechs Hengsten wurde der Schwarzwälder Anfang des 20. Jahrhunderts zu einer in Typ, Größe, Farbe und Gang ausgeglichenen Rasse. Später kam es zum Ankauf von Pinzgauer Hengsten. Man sprach jetzt von den „St. Märgener Schweißfüchsen“. 1947 gab es noch hunderte von Stammbuchstuten. Nach einem Einbruch der Bestandszahlen ab den 1960er Jahren kann gegenwärtig die Nachfrage nur knapp gedeckt werden.
Verbreitung: Schwarzwald und dessen Umgebung.
Leistung: Lebhaft, doch gutmütig. Zugstark und ausdauernd. Flotte, raumgreifende Gänge. Wendig und hart. Anspruchslos. Wird bevorzugt in der Landwirtschaft und beim Holzrücken eingesetzt. Leistet im Rahmen des Fremdenverkehrs als Kutsch- und Schlittenpferd gute Dienste.
Nutzung: Hauptnutzung Arbeit, Haut/Fell.
Organisation: GEH

Hengst 165 Stute 162	Hengst 550 Stute 510	Westfalen, D	*****

Senner

Kennzeichen: Leichtes Warmblut im Typ des Angloarabers. Vorwiegend Braune und Schimmel.
Zuchtgeschichte: Der Senner ist eine der ältesten Pferderassen Deutschlands. Die erste urkundliche Erwähnung stammt von 1160. Ein Herdbuch gibt es seit 1710. Das Gestüt lag bis 1680 in der Nähe von Detmold; danach wurde es nach Lopshorn verlegt. Er ist nach der Senne benannt, einem Heidegebiet südöstlich von Bielefeld. Ab Mitte des 18. Jahrhunderts wurden ausländische Hengste, meist spanischer oder orientalischer Herkunft eingekreuzt. 1935 wurde das Gestüt Lopshorn aufgelöst. Eine Niederländerin erwarb einige Tiere und setzte die Zucht zunächst auf Lopshorn fort. Später wurden die Pferde an Privatpersonen und Institutionen verkauft. Seit 2000 stehen wieder einige Pferde dieser Rasse im Rahmen eines Beweidungsprojektes in der Senne. Von den Besitzern wurde der „Verein der Züchter und Freunde des Senner Pferdes e. V." ins Leben gerufen. Die Fohlen erhalten wieder den Senner-Brand. Die Zahl der Tiere ist sehr begrenzt. Seit 1960 kommen Anglo-Araber-Hengste zum Deckeinsatz.
Verbreitung: Westfalen.
Leistung: Spätreif aber langlebig. Gutes Reit- und Sportpferd. Erhebliche Fähigkeiten im Springreiten und in der Vielseitigkeitsprüfung. Hohe Leistungsbereitschaft. Lebhaftes Temperament.
Nutzung: Hauptnutzung Sport, Haut/Fell, untergeordnet Landschaftspflege.
Organisation: GEH

Hengst 155–160
Stute 152–158

Hengst 450–500
Stute 400–450

Ungarn

*

Shagya

Shagya Arab (engl.)

Kennzeichen: Elegantes leichtes Warmblutpferd. Am häufigsten sind Schimmel, jedoch kommen auch Braune und Füchse vor; Rappen sind selten. Erscheinungsbild wie Araber, jedoch in größerem Rahmen. Kurze Lendenpartie, hoher Schweifansatz. Langer Hals. Große, lebhafte Augen, breite Stirn; eingedellte Profillinie des Kopfes (Araberknick).

Zuchtgeschichte: Ende des 18. Jahrhunderts durch Kreuzung von Vollblut-Arabern mit Lippizanern, Andalusiern sowie Moldavischen Pferden im Osten der k. u. k..-Monarchie entstanden. Seit 1826 waren fast ausschließlich Araber-Hengste im Einsatz, später auch edle Hengste anderer Rassen. Gründervater ist der aus Syrien stammende Hengst „Shagya" (geb. 1830). Ein Herdbuch wurde 1850 eingerichtet. Nach Auflösung der Österreichisch-Ungarischen Monarchie kam es zu Zuchtzentren in den Nachfolgestaaten. So schuf man beispielsweise 1921 in der Slowakei ein eigenes Herdbuch. Bis 1982 galten Shagyas als Araber, später wurden sie von der „World Arabian Horse Organisation" als eigenständige Rasse mit dem Namen „Shagya Arab" geführt.

Verbreitung: Ungarn, Slowakei, Polen, Tschechien und viele andere Staaten.

Leistung: Hart und ausdauernd. Temperamentvoll und leistungsbereit. Gilt als vielseitig verwendbares Reit- und Kutschpferd. Wird mit Erfolg als Veredler in der Warmblutzucht eingesetzt.

Nutzung: Hauptnutzung Sport.

Organisation: OMMI, Arche Austria

Hengst 180 Stute 173	Hengst 1000 Stute 900	Mittelengland	**

Shire

Kennzeichen: Größte Pferderasse der Welt. Vor allem Rappen, Braune und Schimmel. Ausgeprägte weiße Abzeichen am Kopf. Beine bis zu Tarsal- und Carpalgelenken hinauf weiß. Langbeinig. Der Behang bedeckt die Hufe (Feathers). Leicht ramsnasig.

Zuchtgeschichte: „Great Horses" gab es in England schon seit vielen Jahrhunderten. Unter der Herrschaft von König Heinrich VIII (1491–1547) wurden die schweren Pferde der Midlands erstmals als „Shire" bezeichnet. Durch die große Nachfrage von Industrie, Landwirtschaft und Handel bekam die Zucht in der ersten Hälfte des 19. Jahrhunderts viel Auftrieb. 1878 wurde die noch nicht auf diese Rasse bezogene „English Cart Horse Society" gegründet, die wenige Jahre später, 1884, in „Shire Horse Society of the United Kingdom of Great Britain and Ireland" umbenannt wurde. Nach dem Zweiten Weltkrieg kam es durch die jetzt abgeschlossene Motorisierung zu einem dramatischen Rückgang der Bestände. Eine Art „Nischennutzung" haben sie als Werbeträger, vor allem der Brauereien, erhalten. In Deutschland besteht eine Interessengemeinschaft der Shire-Horse-Halter.

Verbreitung: Großbritannien, USA, Kanada, Australien, Neuseeland und viele andere Länder.

Leistung: Ruhig und umgänglich. Stark und arbeitswillig. Gute Konstitution und widerstandsfähig. Frühreif.

Nutzung: Hauptnutzung Arbeit, Sport, Haut/Fell.

Organisation: RBST, MAFF

Hengst 142–148 Stute 136–145	Hengst 400–450 Stute 350–400	Portugal	****

Sorraia

Sorraiana (port.)

Kennzeichen: Vom Typ her stark an Maultiere erinnernd. Meist falb oder mausfalb mit dunklem Aalstrich Oft angedeutete Zebrastreifung an den Beinen und dunkles Schulterkreuz. Relativ großer, schmaler Kopf mit langem Gesichtsteil. Ausgeprägte Ramsnase. Maul und Ohrenspitzen meist dunkel. Langer Hals, schmaler Rumpf. Kurzer Rücken. Schütteres Langhaar.
Zuchtgeschichte: Der Sorraia war schon immer das Pferd der portugiesischen Rinderhirten, der „Vaqueros". Er wird als sehr ursprüngliche Rasse angesehen, aus dem sowohl der Andalusier als auch der Lusitano hervorgegangen sind. Ihren Namen hat diese Rasse vom Sorraia-Fluss, der nordöstlich von Lissabon in den Tejo fließt. In Portugal lebten die Tiere Anfang des 20. Jahrhunderts teilweise verwildert. 1920 wurde ein eigenes Gestüt für Sorraias errichtet. Wegen der Motorisierung ist der Bestand stark zurückgegangen; die Rasse ist ernsthaft gefährdet. Mit großer Wahrscheinlichkeit sind die Mustangs in Nordamerika sorraia-blütig. In Spanien ist die dort als „Marismeño" bezeichnete Rasse ausgestorben.
Verbreitung: Südliche Hälfte Portugals. Dort gibt es noch drei Gestüte. Etliche Tiere in Deutschland.
Leistung: Hart und ausdauernd. Sensibel und gelehrig. Eifrig bei der Arbeit, wendig und schnell; sehr beweglich. Gehorsames Reitpferd.
Nutzung: Hauptnutzung Sport, Haut/Fell, Arbeit.
Organisation: Associação Internacional de Criadores do Cavalo Ibérico de Tipo Primitivo – Sorraia

Hengst 165–170 *Stute 162–165*	*Hengst 800* *Stute 700*	*Südengland*	****

Suffolk

Suffolk Punch

Kennzeichen: Kaltblutrasse. Gedrungen. Füchse unterschiedlicher Schattierung, meist ohne weiße Abzeichen. Relativ kurzbeinig.

Zuchtgeschichte: Ist seit dem 16. Jahrhundert namentlich bekannt. Die Zucht lässt sich noch heute auf den 1768 geborenen Hengst „Crisp's Noted Horse" (eines Mr. Crisp) zurückführen. 1877 wurde die „Suffolk Horse Society" gegründet; drei Jahre später erschien der erste Band des Suffolk-Gestütbuches. In der Folge wurde die Rasse in einigen Punkten verbessert: das Fundament wurde verstärkt, die Hufe gewannen an Qualität und der Punch war auch nicht mehr hinten überbaut. Bald war er auch den anderen britischen Kaltblutrassen in der Trabaktion überlegen. Durch die Motorisierung von Handel und Landwirtschaft verlor der Suffolk Punch weitgehend seine Funktion. Bei Enthusiasten hat er immer noch einen hohen Stellenwert, allerdings verkleinerte sich sein Rahmen. In den USA gibt es die eigenständige „American Suffolk Horse Association".

Verbreitung: Großbritannien, USA, Kanada, Australien, Neuseeland.

Leistung: Gutmütig und gelehrig. Zäh und energisch. Ausdauernd und anspruchslos. Frühreif, fruchtbar und langlebig. Hervorragend in der Landwirtschaft und vor der Kutsche im Tourismus verwendbar. Flotter Trab. Es hat sich auch in heißem Klima bewährt.

Nutzung: Hauptnutzung Arbeit, Sport, Haut/Fell.

Organisation: RBST

Hengst 155–160
Stute 154–157

Hengst 350–400
Stute 350–400

Kaukasus

**

Tersker

Terskaya (rus.), Tersk (engl.)

Kennzeichen: Hoch im Blut stehendes, edles kleines Pferd oberhalb der Pony-Grenze. Meist Schimmel, selten Füchse, nur gelegentlich Braune. Man unterscheidet drei Typen: Vom araber-ähnlichen, leichten Typ bis zum grobknochigeren, kompakten Typ. Eingedellte Profillinie; weit auseinander stehende, große Augen. Kurzer Rücken, geneigte Kruppe. Seidiges Langhaar.
Zuchtgeschichte: Entstand im 19. Jahrhundert im Gestüt Tersk im Nordkaukasus. Ging aus dem ausgestorbenen Streletzker sowie aus Steppenpferden des südlichen Russland hervor. Dabei hatten die beiden Anfang des 20. Jahrhunderts geborenen Strelitzker Schimmelhengste „Zenitel" und „Zylindr" besondere Bedeutung, die beide den Hengst „Zenny" zum Vater hatten. Zunächst wurde viel Inzucht betrieben. Später setzte man mehrere Araber-Hengste zur Zucht ein; auch Kabardiner, Don-Pferde und Englisches Vollblut kam zum Einsatz. 1949 wurde die Zucht von Tersk in das nahegelegene Gestüt Stawropol verlagert. Als Gestütsrasse fand der Tersker nie große Verbreitung.
Verbreitung: Russische Föderation, Mitteleuropa.
Leistung: Lebhaft doch fügsam. Intelligent und menschenbezogen. Gutes Galoppier- und Sprungvermögen. Vielseitig verwendbar: Dressur, Springen, Distanz- und Wanderritte. Auch gut für Kinder und Jugendliche geeignet.
Nutzung: Hauptnutzung Sport, Haut/Fell.
Organisation: –

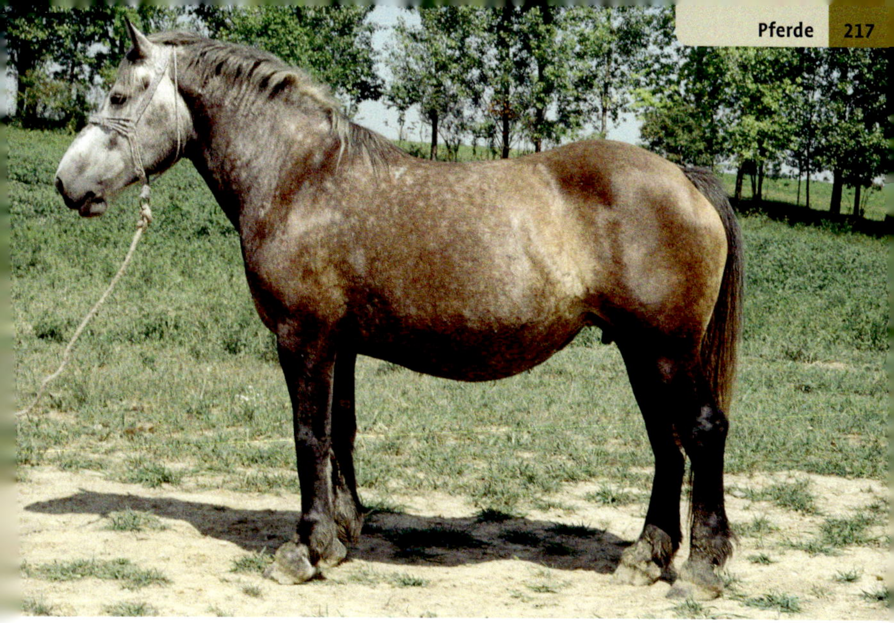

Hengst 154–162
Stute 154–160

Hengst 650
Stute 650

Westliches Ungarn

**

Ungarisches Kaltblut

Magyar Hidegvérü (ung.), Hungarian Draft (engl.)

Kennzeichen: Mittelschweres Kaltblutpferd. Vor allem Füchse, aber auch die anderen Grundfarben. Muskulöser Rumpf, tiefe Brust, gespaltene Kruppe. Kurzer Hals. Gerade oder leicht konvexe Profillinie des Kopfes. Kurze Ohren. Kräftiges Langhaar.
Zuchtgeschichte: Ende des 18. Jahrhunderts kamen Kaltblutpferde in das westliche Ungarn. Von mehreren Schlägen überlebte nur der „Muraközi", benannt nach dem Fluss Mur. In diesen wurden im Verlaufe des 19. und 20. Jahrhunderts Percheron, Belgier und Noriker eingekreuzt. Aus dem für das Militär geeigneten, schweren Kaltblut wurde später ein leichteres Pferd für die Landwirtschaft. Nach dem zweiten Weltkrieg gingen die Bestände als Folge der Motorisierung deutlich zurück. Die Anerkennung als eigenständige Rasse erfolgte 1954. Ihr Überleben verdankt das Ungarische Kaltblut weitgehend dem Export von Fohlen sowie der Gewinnung von Stutenmilch.
Verbreitung: Ungarn.
Leistung: Arbeitswillig bei ruhigem Temperament. Frühreif und leichtfuttrig. Gut für die Landwirtschaft und andere Spanndienste geeignet. Wird speziell für die Stutenmilchgewinnung genutzt.
Nutzung: Hauptnutzung Arbeit, Fleisch, untergeordnet Milch.
Organisation: Arche Austria

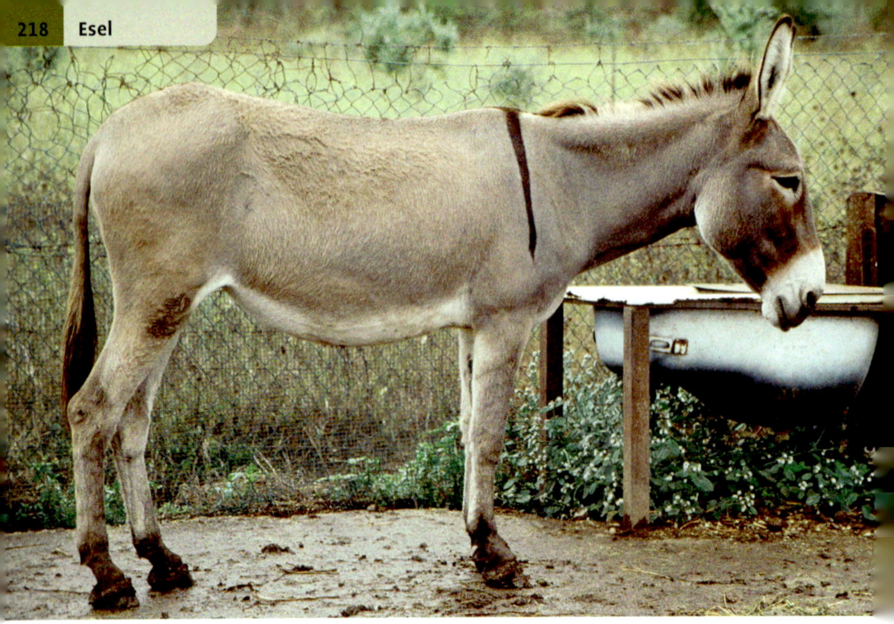

Hengst 130–140
Stute 125–135

Hengst 300–350
Stute 280–330

Toskana, I

*****

Amiatina

Asino Amiatino (ital.), Asino dell' Amiata (ital.)

Kennzeichen: Grau mit rötlichem Anflug. Beine quergestreift (Zebrastreifung). Schulterkreuz und Aalstrich. Umgebung des Maules, Unterseite des Rumpfes sowie Umgebung der Augen blond bis hellgrau. Ohrrand schwarz, das Ohrinnere ist hellgrau. Stabiles Fundament.
Zuchtgeschichte: Die Rasse kommt in den Amiato-Bergen bei Grosseto in der Toskana vor. Sie ist eine autochthone Rasse dieser Gegend und hat zu keiner Zeit aus vielen Tieren bestanden. Gegenwärtig existieren kaum mehr als 100 reinrassige Amiatina-Esel. Es gibt ein Herdbuch. Seit einigen Jahren sind Bestrebungen im Gange, diese Eselrasse zu erhalten. Die Associazione Italiana Allevatori betreut die Zucht und hat einen Rassenstandard aufgestellt.
Verbreitung: Italien, vor allem bei Grosseto, aber vereinzelt auch in der Toscana, Reggio Emilia und Ligurien. Es sind noch 200 Stuten und 24 Hengste vorhanden.
Leistung: Wendig und trittsicher. Gutmütig aber auch stur. Anspruchslos und ausdauernd. Gut für den Zug und als Tragtiere geeignet, finden aber auch als Reittiere Verwendung. Wenig krankheitsanfällig.
Nutzung: Hauptnutzung Haut/Fell, Arbeit.
Organisation: AIA

Hengst 146–155
Stute 145–150

Hengst 350–450
Stute 320–400

Südspanien

*****

Andalusier

Asno Cordobes o Andaluz, Andaluza, Garanon Andaluz, Cordobesa (span.), Andalusian (engl.), Andalusischer Riesenesel

Kennzeichen: Riesenesel. Weiß, Apfelschimmel oder hellgrau. Keine Zeichnung wie Aalstrich, Schulterkreuz oder Beinstreifung.
Zuchtgeschichte: Der Andalusische Esel ist eine bodenständige südspanische Rasse, deren Vorfahren vermutlich aus Ägypten kamen: Es wird angenommen, dass er direkter Nachfahre des „Pharaonen-Esel" ist, eines ausgestorbenen Riesenesels. Wurde in viele andere Länder exportiert. Ein Herdbuch besteht seit 1939. In den 1970er Jahren starker Einbruch der Bestände. Wenige Jahre später fast ausgestorben. Private Organisationen bemühen sich um seine Erhaltung. Das Zuchtbuch wird von der Landwirtschaftsbehörde in Sevilla geführt. Ende der 80er Jahre des vergangenen Jahrhundertes gab es nur noch 40 reinrassige Stuten und 14 Hengste. Es besteht ein Erhaltungsprogramm.
Verbreitung: Spanien; er kam vor allem in der Region El Guadalquivir und El Guajaroz sowie zwischen Genil und Baena vor. Deutschland, zahlreiche andere europäische Länder.
Leistung: Ruhiges, ausgeglichenes Wesen. Arbeitswillig und energisch. Wenig anfällig für Erkrankungen. Hitzetolerant. Gut geeignet für Arbeit in der Landwirtschaft. Die Hengste werden zur Produktion kräftiger Maultiere eingesetzt.
Nutzung: Hauptnutzung Arbeit, Haut/Fell.
Organisation: SERGA

↕	*Hengst 140–150* *Stute 140–145*		*Hengst 400–450* *Stute 350–400*		*Katalonien, Nordostspanien*	⚠	*****

Katalanischer Riesenesel

Catalán, Katalanischer Großesel, Catalonian Donkey (engl.), Asinina Catalana (katal.)

Kennzeichen: Großrahmig. Eleganter, schlanker Körperbau. Rötlich getöntes Schwarz oder anthrazitfarben (im Verlaufe des Jahres wechselnd). Bauch sowie Umgebung von Augen und Maul hellgrau.
Zuchtgeschichte: Aus bodenständigen Eseln hervorgegangen. Ein Zuchtbuch gibt es seit 1880. Er wurde nahezu weltweit in andere Eselrassen eingekreuzt, z. B. in die italienische Rasse Martina Franca. Auch der amerikanische Mammoth Jack geht im wesentlichen auf den Katalan zurück. Wurde im In- und Ausland bevorzugt in der Maultierproduktion eingesetzt. In der zweiten Hälfte des 19. Jahrhunderts exportierte man viele hundert Tiere in die USA. Sie wurden dort als anspruchslose Arbeitstiere eingesetzt. Die verwilderten Nachkommen kann man heute noch in der Umgebung vom „Tal des Todes“ in Kalifornien sehen. Nach dem Zweiten Weltkrieg dramatischer Rückgang der Bestände. Seit 1978 gibt es ein Erhaltungsprogramm. Gegenwärtig liegt der Bestand bei ungefähr 50 Hengsten und 120 Stuten.
Verbreitung: Spanien, Deutschland, Nordamerika.
Leistung: Temperamentvoll und arbeitsfreudig. Kräftig und ausdauernd. Frühreif und langlebig. Hervorragend für die Produktion guter Maultiere geeignet. Gilt als das „Vollblut“ unter den Eseln.
Nutzung: Hauptnutzung Arbeit, Haut/Fell.
Organisation: Asociacio del Fement de la Raca Asinia Catalana

Hengst 140–150 Stute 125–145	Hengst 330–380 Stute 300–330	Süditalien	*****

Martina Franca

Asino di Martina Franca (I), Martinese (I), Apulian (engl.), Puli-Esel

Kennzeichen: Schwarz, oft mit rötlichem Anflug. Umgebung des Maules sowie Ringe um die Augen hellgrau. Unterseite des Rumpfes und oberer Teil der Innenseite von den Beinen ebenfalls hellgrau. Großer Kopf mit breiter, flacher Stirn. Kräftige, lange Beine. Für einen Esel recht kräftige Hufe.
Zuchtgeschichte: Seit Jahrhunderten bekannte bodenständige Eselrasse in Apulien. Wurde früher vielfach in der Landwirtschaft eingesetzt, hatte aber auch große Bedeutung bei der Produktion von Maultieren. Schon nach dem Ersten Weltkrieg gingen die Bestände deutlich zurück. 1925 gab es nur noch drei reinrassige Hengste: Colosseo, Bello und Marca. Auf sie lassen sich alle heutigen Tiere zurückführen. Nach dem Zweiten Weltkrieg gingen die Bestände als Folge der Motorisierung deutlich zurück. Ein weiterer Grund für den Rückgang war das gesunkene Interesse der Armee an Maultieren. Seit einiger Zeit gibt es eine Zusammenarbeit zwischen der Verwaltung der Region und dem Zuchtverband. Es besteht ein Herdbuch.
Verbreitung: Hauptzuchtgebiet ist Apulien mit den Provinzen Taranto, Bari und Brindisi. Griechenland, Frankreich, Südafrika, Indien.
Leistung: Genügsam und anpassungsfähig. Robust und arbeitswillig. Gut für die Produktion kräftiger Maultiere geeignet. Wenig krankheitsanfällig.
Nutzung: Hauptnutzung Haut/Fell, Landschaftspflege, Arbeit.
Organisation: Associazione Regionale Allevatori dell' Asino di Martina Franca e del Cavallo delle Murge, Via Letizia Marinosci, I – 74015 Martina Franca

Hengst 140–150 Stute 140–148	Hengst 400–450 Stute 400	Südwest- frankreich	*****

Poitou-Esel

Baudet du Poitou (franz.), Ane de Poutevin (franz.), Poitou (engl.)

Kennzeichen: Riesenesel. Schwarz oder dunkelbraun, evtl. mit heller Unterseite des Rumpfes. Weißes Maul, Augenringe. Sehr lange, weiche und oft stark gelockte Behaarung. Kötenbehang. Lange, oft waagerecht getragene Ohren.
Zuchtgeschichte: Die Rasse mit ihren typischen Merkmalen gab es nachweislich schon seit Anfang des 18. Jahrhunderts. Bis in die Zeit nach dem Zweiten Weltkrieg hatte die Zucht dieser Tiere für die Produktion von Maultieren in In- und Ausland große Bedeutung. Ein Stutbuch wurde 1884 eröffnet. Auf dem Höhepunkt der Zucht wurden jährlich bis zu 30 000 Maultiere produziert. Als Maultiere nicht mehr gefragt waren, gab es auch keinen Grund mehr, Poitou zu halten. 1972 gab es insgesamt nur noch 25 reinrassige Individuen in der Hand von ganz wenigen Züchtern. Seitdem wieder leichter Anstieg der Tierzahlen. Nur Esel, die im französischen Stutbuch stehen, dürfen „Baudet du Poitou" genannt werden. Das heutige Stutbuch wurde 2004 gegründet; es ist für das Ausland endgültig geschlossen. Ein Herdbuch gibt es seit 1989. In Deutschland gab es 2005 bei 14 Züchtern 64 eingetragene Tiere.
Verbreitung: Frankreich, USA, Deutschland, Großbritannien, Schweiz, Niederlande, Belgien. Weitere europäische Länder.
Leistung: Grundlage für die Maultierzucht. Tragtier. Zug leichter Kutschen. Gilt als nicht sehr arbeitswillig.
Nutzung: Hauptnutzung Haut/Fell.
Organisation: UPRA, P. O. B.ox 237, F – 79007 Niort, ALBC

Hengst 140–155
Stute 140–150

Hengst 340–380
Stute 300–350

Kastilien-León, E

*****

Zamorano-Leonés

Asno Zamorano-Leonés (span.)

Kennzeichen: Kastanien- bis schwarzbraun. Umgebung des Maules hellgrau. „Brillen" um die Augen aufgehellt. Unterseite des Rumpfes häufig grau. Großer Kopf, kräftiges Fundament. Üppiges, weiches Fell.
Zuchtgeschichte: Uralte bodenständige Rasse der spanischen Provinzen Zamora und León. Es wird gesagt, dass es diese Tiere schon seit dem 10. Jahrhundert gibt. Hier, an den Nordosten Portugals angrenzend, in der ärmsten Gegend Spaniens, wurden sie in der Landwirtschaft genutzt. Ursprünglich stammt die Rasse aus den kantabrischen Bergen zwischen den Flüssen Cea und Orbigo. In der Provinz Zamora im Norden von Salamanca wurde sie hauptsächlich zur Erzeugung von Maultieren genutzt. Gelegentlich wird behauptet, dass der Poitou-Esel von dieser Rasse abstammt; belegt ist das nicht. Seit 1950 ist der nationale und internationale Markt sehr geschrumpft. Es soll noch ungefähr 150 reinrassige Stuten und einige Hengste geben. Erst seit 1996 gibt es organisierte Erhaltungsbemühungen. Ein Herdbuch besteht nicht.
Verbreitung: Nordwestspanien, an der Grenze zu Portugal. Deutschland.
Leistung: War bei den kleinen Landwirten in der Heimatregion unentbehrlich. Noch heute dienen sie gelegentlich als Transportmittel. Ausgeglichener Charakter; anspruchslos. Arbeitswillig und kräftig.
Nutzung: Hauptnutzung Haut/Fell, Arbeit.
Organisation: SERGA

Eber 92 Sau 84	Eber 350 Sau 300	Halbinsel Angeln, D	*****

Angler Sattelschwein

Kennzeichen: Großrahmig. Tiefrumpfig. Vorwiegend schwarz. Weißer Gürtel über der Vorhand; weiß häufig auch über weitere Rumpfteile sowie Hinterbeine. Schlappohren.

Zuchtgeschichte: Sattelschweine sind in Schleswig-Holstein zumindest seit der zweiten Hälfte des 19. Jahrhunderts bekannt. Anfang des 20. Jahrhunderts holte man einen Sattelschweineber von der dänischen Insel Alsen und wenig später Wessex-Saddleback aus England nach Angeln. 1929 gründete man den „Verein der Züchter des Angler Sattelschweins". Zwischen 1930 und 1939 wurden erneut zehn Eber der Wessex-Saddleback-Rasse geholt, und 1936 war das Angler Sattelschwein über ganz Schleswig-Holstein verbreitet. Später wurden auch Eber des Schwäbisch-Hällischen Schweins eingesetzt. 1937 wurde ein Herdbuch eröffnet. Ihren Höhepunkt erreichte die Rasse in der Nachkriegszeit; ihr Anteil lag damals in Schleswig-Holstein bei mehr als 60 %. Der Zusammenbruch begann jedoch schon in den 50er Jahren. Schließlich gab es nur noch einzelne Züchter. 1987 Einfuhr von 19 rassegleichen Sauen und drei Ebern aus der DDR. Ab etwa 1990 wieder deutlicher Aufschwung.

Verbreitung: Norddeutschland.

Leistung: Gute Fruchtbarkeit. Ausgeprägte Mütterlichkeit der Sauen. Frohwüchsige Ferkel. Tägliche Zunahmen 850 g. Marmoriertes Fleisch; gut für Dauerwaren geeignet.

Nutzung: Hauptnutzung Fleisch.

Organisation: GEH

↕ *Eber 80* *Sau 75*	*Eber 300–350* *Sau 250–300*	*Grafschaft Berkshire, GB*	⚠ ***

Berkshire

Kennzeichen: Großrahmig. Schwarz mit sechs weißen Bereichen: die vier Füße, die Schnauze und die Schwanzspitze. Stehohren.
Zuchtgeschichte: Die Rasse ist nach der Grafschaft Berkshire westlich von London benannt. Sie ist schon seit Ende des 18. Jahrhunderts bekannt. Die Abfälle der Nahrungsmittelindustrie schufen eine gute Ernährungsgrundlage. Damals sah Berkshire allerdings noch anders aus als heute und war vor allem unterschiedlich im Typ. Im Verlaufe des 19. Jahrhunderts wurden chinesische und neapolitanische Schweine eingekreuzt. In den 20er Jahren des 19. Jahrhunderts kamen die ersten Tiere dieser Rasse in die USA. 1884 wurde die British Berkshire Society gegründet. Ab dem Ende des 19. Jahrhunderts legte man auf ein einheitliches Erscheinungsbild Wert. Nach dem zweiten Weltkrieg ging die Bedeutung dieser Rasse stark zurück, weil das Fleisch nicht mehr den Verbrauchererwartungen entsprach. Während es 1949 noch 196 Eber gab, waren es 1979 nur noch 16. Ende der 70er Jahres des vergangenen Jahrhunderts wurden Eber dieser Rasse aus Australien nach England reimportiert. Gegenwärtig gibt es ungefähr 300 Zuchtsauen und 100 Eber.
Verbreitung: Großbritannien, USA, Kanada, Australien, Neuseeland.
Leistung: Frühreif. Mäßige Fruchtbarkeit; Wurfgröße 7 bis 8 Ferkel. Gute Muttereigenschaften. Robust; gut für die Weidehaltung geeignet.
Nutzung: Hauptnutzung Fleisch, untergeordnet Haut.
Organisation: RBST, MAFF

Eber 75 Sau 65	Eber 350 Sau 300	Ungarn	***

Blondes Mangalitza

Mangalica (ung.), Hungarian Manglitza (engl.), Wollschwein.

Kennzeichen: Mittelgroß. Blond bis rotgelb. Stark behaart; im Gegensatz zu allen anderen Schweinerassen hat Mangalitza nicht nur Borsten sondern auch reichlich Wollhaar. Leicht hängende Ohren. Die Ferkel sind wie Frischlinge des Wildscheins gestreift.

Zuchtgeschichte: Das Mangalitza ging Anfang des 19. Jahrhunderts durch Einkreuzung des serbischen Sumadíja-Schweins in das einheimische Bakonyer-Schwein hervor. Seit Mitte des 19. Jahrhunderts ist auch das Szalontaer-Schwein beteiligt. Als die Menschen noch hart körperlich arbeiten mussten und der Kalorienbedarf entsprechend hoch war, war das fette Fleisch dieser Rasse sehr gefragt; die Bestandszahlen entsprechend hoch. 1927 wurde eine Vereinigung der Mangalica-Züchter gegründet. Nach dem zweiten Weltkrieg sanken die Tierzahlen; die Rasse galt als sehr gefährdet. Um Inzuchterscheinungen zu vermeiden wurden ähnliche Tiere aus Transsylvanien (Rumänien) und der Vojvodina (Serbien) eingekreuzt. In Ungarn wird eine Genreserve gehalten. Eine Farbvariante ist das Rote Mangalitza.

Verbreitung: Ungarn. Österreich. Deutschland.

Leistung: Zuchtreif mit 11 bis 13 Monaten. Durchschnittliche Wurfgröße 5 bis 6 Ferkel. Die Sauen haben nur zehn Zitzen. Genügsam. Starker Fettansatz.

Nutzung: Hauptnutzung Fleisch, Haut/Fell, untergeordnet Wolle/Haare.

Organisation: SAVE, OMMI

Eber 75 Sau 70	Eber 250 Sau 200	Essex und Wessex, England	***

British Saddleback

Kennzeichen: Großrahmig. Schwarz mit weißem Gürtel über der Vorhand. Mittellange Hängeohren. Kräftiges Fundament.

Zuchtgeschichte: British Saddleback ging 1967 aus der Vereinigung von Essex und Wessex Saddleback hervor: Im ersten Band des Herdbuchs der Nationalen Schweinezüchter-Gesellschaft werden Saddlebacks noch unter „Blacks", also „Schwarzen" aufgeführt. Lord Western importierte Anfang des 19. Jahrhunderts neapolitanische Schweine und kreuzte sie in die Essex ein. Die Nachkommen nannte man zunächst „Essex Half-Black". Der weiße Gürtel war wenig ausgeprägt. Essex Saddleback war immer etwas kleiner und leichter als Wessex Saddleback; sie waren auch frühreifer als letztere. Wessex Saddleback entstand aus bodenständigen gegürtelten Tieren in der Grafschaft Wessex. Schon Anfang des 19. Jahrhunderts wurden Tiere dieser Rasse in die USA exportiert. Sie bildeten zudem die Grundlage für die Rasse Hampshire. Nachdem British Saddleback vorübergehend sehr geschätzt war, ging die Zahl der Tiere nach dem 2. Weltkrieg deutlich zurück. Wurde vereinzelt in andere gegürtelte Schweinerassen Europas eingekreuzt.

Verbreitung: Großbritannien.

Leistung: Robust und widerstandsfähig. Gut für die Außenhaltung und für heißes Klima geeignet. Milchreiche Sauen. Umfangreiche Würfe.

Nutzung: Hauptnutzung Fleisch, untergeordnet Haut/Fell.

Organisation: RBST, MAFF

↕	*Eber 75* *Sau 70*	⚖	*Eber 250* *Sau 180*	🌐	*Emsland, D*	⚠	****

Buntes Bentheimer Schwein

Swattbunte, Bentheim Black Pied (engl.)

Kennzeichen: Mittelgroß und tiefrumpfig. Schwarze Flecken auf weißem oder hellbraunem Grund. Trockenes, kräftiges Fundament. Gut ausgeprägte Hinterhand. Mittelgroße Schlappohren.

Zuchtgeschichte: Die Rasse hat sich aus bodenständigen gescheckten Schweinen heraus entwickelt; diese waren im späteren Zuchtgebiet der Rasse besonders beliebt. Sie galten als frühreif, sehr fruchtbar und widerstandsfähig. 1950 kam es zur Gründerversammlung des „Verein der Züchter des schwarz-weißen Bentheimer Schweines". Zur Erweiterung der Zuchtbasis wurden Angler Sattelschweine und Schwäbisch-Hällische Schweine eingeführt. Schon kurz danach ging die Zahl der Tiere rasch zurück. Über mehr als zwei Jahrzehnte gab es nur noch einen einzigen Züchter dieser Rasse: Gerhard Schulte-Bernd in Wengsel. Während dieser Zeit wurden nur vier fremde Eber in den Bestand geholt. Erneutes Interesse kam Mitte der 1980er Jahre auf. Die Zahl der Züchter stieg beständig. 1987 wurde wieder ein Herdbuch eröffnet.

Verbreitung: Hauptsächlich Niedersachsen, aber auch in vielen anderen Bundesländern. Niederlande. Luxemburg.

Leistung: Frühreif. Sehr fruchtbar. Gute Muttereigenschaften. Stressresistent. Gut für Kreuzungszuchten geeignet. Robust und anspruchslos. Zufriedenstellende Futterverwertung. Recht hoher Fettanteil.

Nutzung: Hauptnutzung Fleisch, untergeordnet Haut/Fell.

Organisation: GEH

Eber 60
Sau 50

Eber 130
Sau 80

Brasilien

*****

Carunco

Carunchinho (port.)

Kennzeichen: Klein.Kompakt. Kräftiger Körperbau. Schwarze Flecken auf weißem oder sandfarbenem Grund. Dichtes Borstenkleid. Kurzer Kopf; stark eingedellte Profillinie. Stehohren.
Zuchtgeschichte: Wurden vor vielen Jahrhunderten von europäischen Siedlern ins Land gebracht. Es gibt nur noch ungefähr zehn Eber und 30 Sauen.
Verbreitung: Südöstliches Brasilien.
Leistung: Gutes Fettschwein. Anspruchslos. Ruhig im Umgang. Ausgemästet wiegen Schlachttiere 90 bis 100 kg.
Nutzung: Hauptnutzung Fleisch.
Organisation: EMBRAPA

Eber 85 Sau 80	Eber 280 Sau 230	Toskana, I	*

Cinta Senese

Cinta Italiana (ital.), Siena Belted (engl.)

Kennzeichen: Mittelgroß. Schwarz mit einem weißen Gürtel über Schulter und Brust. Die Vorderbeine sind ebenfalls weiß. „Säumungsstreifen" (weiße Haare auf schwarzer Haut am Übergang von schwarz zu weiß). Leichte Schlappohren.
Zuchtgeschichte: Cinta Senese ist eine alte Rasse der Toskana. Alte Abbildungen machen deutlich, dass es diese Rasse schon mindestens seit dem 14. Jahrhundert gibt. Sie wurde nach der Stadt Sienna benannt und ist gleichzeitig die einzige bodenständige Schweinerasse dieser Gegend, die nicht ausgestorben ist. Wegen Änderung der Verbrauchergewohnheiten starker Rückgang der Bestandszahlen in den 1980er Jahren. In der Zwischenzeit wurden wieder zahlreiche neue Zuchten aufgebaut. Der Bestand umfasst gegenwärtig ca. 200 Sauen in 80 Betrieben. Die Abwärtstendenz wurde aufgehalten. Häufig werden die Tiere in Zusammenhang mit dem Agrotourismus gehalten. „Cinta" (ital.) bedeutet „Gürtel".
Verbreitung: Toskana. (Italien).
Leistung: Sehr gut angepasst an die örtlichen Verhältnisse der Toskana. Häufig extensive Haltung, wobei die Tiere sich einen erheblichen Teil ihrer Nahrung (Eicheln, Gras, Würmer, Insekten usw.) selbst suchen. Hervorragendes Fleisch und Fleischprodukte (Salami, prosciutto). Gute Fruchtbarkeit.
Nutzung: Hauptnutzung Fleisch, untergeordnet Haut/Fell.
Organisation: Associazione Nazionale Allevatori Suini (I)

Eber 90 *Sau 80*	*Eber 350* *Sau 300*	*ehemalige DDR*	*****

Deutsches Sattelschwein

Kennzeichen: Großrahmig. Grundfarbe schwarz. Breiter weiße Streifen über die Schulter. „Säumungsstreifen“ am Übergang: weiße Haare auf schwarzer Haut. Beine weiß. Tiefrumpfig. Leicht geneigte Schlappohren. Mittellanger Kopf mit eingedellter Profillinie.

Zuchtgeschichte: Nach dem zweiten Weltkrieg befanden sich in der Sowjetischen Besatzungszone in geringer Zahl Tiere des Angler Sattelschweins sowie des Schwäbisch-Hällischen-Schweins. Diese beiden Rassen wurden zum Deutschen Sattelschwein zusammengefasst, und es begann 1948 die herdbuchmäßige Bearbeitung. Durch die starke Nachfrage nach Magerfleisch verlor das Deutsche Sattelschwein jedoch bald seine Existenzgrundlage. 1968 wurde das Herdbuch aufgelöst; es blieb nur eine Genreserve erhalten, bei der 1972 bis 1982 Prestizer Eber aus der damaligen CSSR eingesetzt wurden. Nach der politischen Wende wurde die Rasse von etlichen Privatzüchtern übernommen. Es gibt wieder ein Herdbuch. Dennoch ist der Bestand rückläufig; er beläuft sich auf 80 Sauen und 24 Eber.

Verbreitung: Ostdeutschland.

Leistung: Milchergiebige Sauen mit sehr großer Fruchtbarkeit und besten Muttereigenschaften. Frohwüchsige Ferkel. Hervorragende Fleischbeschaffenheit. Vergleichsweise fett. Widerstandsfähig und stressstabil. Gut für Kreuzungszuchten geeignet.

Nutzung: Hauptnutzung Fleisch.

Organisation: GEH

Eber 80 Sau 75	Eber 250 Sau 220	Baskenland, E, F	*****

Euskal Txerria

Porc Basque (franz.), Basque Pig (engl.)

Kennzeichen: Kopf und Hals sowie hinteres Körperdrittel schwarz, dazwischen breiter weißer Gürtel. Gestreckter Kopf, lange Schnauze. Lange, breite Hängeohren. Kurze, kräftige Beine. Mäßig ausgeprägte Bemuskelung.

Zuchtgeschichte: Alte, bodenständige Rasse des spanischen und französischen Baskenlandes. Es wird vermutet, dass sie Nachkomme des Keltenschweines ist. Zwei ähnliche Schweinerassen gleicher Abstammung, „Baztanesa" und „Chato Vitoriano", starben aus. Seit 1921 gibt es ein Zuchtbuch; damals wurde auch das Zuchtziel festgelegt. In den 50er Jahren des vergangenen Jahrhunderts begann der Niedergang der Rasse, und 1981 war sie nahezu ausgestorben. Ende des 20. Jahrhunderts wurden genetisch gleichwertige Tiere aus Frankreich nach Spanien importiert. Zucht auf niedrigem Niveau jetzt wieder stabil.

Verbreitung: Westliche Pyrenäen und deren Vorland (Baskenland).

Leistung: Extensive Haltung in großflächigen Weiden und in Wäldern. Die Tiere suchen ihr Futter weitgehend selbst. In den zwei letzten Monaten vor der Schlachtung werden sie intensiv gefüttert. Das Schlachtgewicht im Alter von 12 bis 14 Monaten liegt bei 120 bis 150 kg. Spätreif. Durchschnittlich neun Ferkel pro Wurf. Gute Mütterlichkeit sowie Milchreichtum der Sauen. Hervorragende Fleischqualität.

Nutzung: Hauptnutzung Fleisch.

Organisation: SERGA

Eber 75
Sau 70

Eber 200
Sau 180

Frankreich

***

Gasconne

Gascony (engl.), Gascon (franz.)

Kennzeichen: Mittelgroß. Einfarbig schiefergrau bis schwarz. Langer, schlanker Kopf. Leichte Schlappohren. Schmale Brust. Kräftiges Fundament. Am Schwanzende kräftige Borstenquaste.
Zuchtgeschichte: Älteste französische Schweinerasse. Sie entstand in den Pyrenäen sowie im Vorland dieses Gebirges und gehört dem iberischen Schweinetyp an. Im Laufe des 19. Jahrhunderts kam es zu mehreren lokalen Unterformen. Nach 1860 wurde Lauragais und Large White eingekreuzt. Seit damals ist die Region Boulogne Hauptzuchtgebiet. 1953 umfasste die Rasse 10 000 Tiere, 1970 waren es nur noch einige hundert. 1976 wurde die Zahl der Zuchttiere auf 500 geschätzt; 1981 waren es nur noch halb so viel. Damals gab es lediglich zwei Eber, und die waren möglicherweise nicht mal reinrassig. Zwei Jahre später hielten noch 39 Halter Gasconne, die alle innerhalb eines Gebietes mit einem Durchmesser von 20 km lebten.
Verbreitung: Gascogne, Südwestfrankreich.
Leistung: Sehr fruchtbar. Die Sauen sind gute Mütter. Robust und genügsam. Gut hitzeverträglich. Hohe Fruchtbarkeit. Gute Futterverwerter. Geringe tägliche Zunahmen. Die Tiere leben das ganze Jahr im Freien. Mit 16 Monaten wiegen sie ungefähr 140 kg und ergeben dann ein rotes, zartes und wohlschmeckendes Fleisch.
Nutzung: Hauptnutzung Fleisch, Haut/Fell.
Organisation: Institut Technique du Porc, P. O. B.ox 3, F – 35651 Le Rheu

Eber 100 Sau 90	Eber 280 Sau 240	Gloucestershire, England	****

Gloucester Old Spot

Gloucester (engl.)

Kennzeichen: Großwüchsig. Auf weißer Grundfläche vereinzelt schwarze Flecken. Tiefrumpfig. Schlappohren.
Zuchtgeschichte: Weiße Schweine mit schwarzen Flecken waren seit dem 18. Jahrhundert in England weit verbreitet. Der Schwerpunkt der Zucht lag zunächst in „Berkley Vale" in der Grafschaft Gloucestershire. Die Tiere holten sich z. T. das Fallobst in den Obstgärten. Deshalb wurden sie zunächst als „Orchard-Pig" bezeichnet. In der zweiten Hälfte des 19. Jahrhunderts kam es zur Einkreuzung von Schweinen des Europäischen Festlandes. 1913 wurde eine Züchtervereinigung gegründet, die bald 1200 Mitglieder umfasste. Ein Herdbuch gibt es seit 1915. Nach dem zweiten Weltkrieg ging die Bedeutung der Rasse stark zurück. 1974 gab es nur noch 62 Sauen; später wurde die Rasse praktisch auf einen Betrieb reduziert. Inzwischen hat sich der Bestand wieder leicht erholt. Wegen der Ablehnung durch den Verbraucher ist die Schwarzfärbung im Gegensatz zu früher jetzt auf wenige Flecken reduziert.
Verbreitung: England, USA.
Leistung: Anspruchslos, gutmütig, fügsam und fruchtbar. Die Sauen gelten als gute Mütter. Wird in Großbritannien häufig schon im Gewicht von 50 bis 65 kg geschlachtet (Porker), zählt aber auch zu den Bacon-Schweinen, die im Gewicht von 83 bis 101 kg geschlachtet werden. In diesem Gewichtsabschnitt neigen sie allerdings schon stark zum Verfetten.
Nutzung: Hauptnutzung Fleisch.
Organisation: RBST, MAFF

↕ Eber 70 Sau 62	Eber 250 Sau 200	Krsko Polje und Gorjanci, SLO	⚠ *****

Krškopolje

Krkopolka Cerno Pasastí Prasica (slow.), Krkopolje Saddleback (engl.)

Kennzeichen: Großrahmig. Schwarz mit weißem Sattel über Schulter und Vorderbeine. Schlappohren.

Zuchtgeschichte: Einzige bodenständige Schweinerasse Sloweniens. Ihren Ursprung hat sie in der Region Dolenjska im Südosten des Landes. In der zweiten Hälfte des 19. Jahrhunderts wurden Eber der Rassen Suffolk, Berkshire und Yorkshire aus England eingekreuzt. Die erste umfangreiche Beschreibung der Rasse stammt von 1899. Damals kam sie vor allem im Gebiet von Krško polje vor. Auch im 20. Jahrhundert wurde Krškopolje immer mal wieder mit anderen Rassen gekreuzt. Nach 1980 wurden Angler Sattelschweine und Schwäbisch-Hällische Schweine eingesetzt. Die Population ist insgesamt gering; Inzucht ließ sich ohne Fremdblut kaum vermeiden. Es besteht ein Herdbuch. 1990–92 wurden Nachforschungen über die Restbestände gemacht; die Tiere waren sehr unausgeglichen. Der Staat unterstützt die Haltung dieser Rasse finanziell.

Verbreitung: Slowenien.

Leistung: Frohwüchsig. Starker Fettansatz. Gute Muskelfleischqualität. Das Fleisch ist gut für Dauerwaren geeignet. Gute Fruchtbarkeit; umfangreiche Würfe, doch ist der Anteil der Totgeburten recht hoch. Anspruchslos und robust. Exzellente Raufutterverwerter.

Nutzung: Hauptnutzung Fleisch.

Organisation: Zootechnical Department, SLO-61230 Domzale

Eber 60–75 Sau 40–60	Eber 100–120 Sau 65–100	Neuseeland	**

Kunekune

Maori-Schwein, Pua'a, Poaka

Kennzeichen: Klein. Häufig weiß mit schwarzen Flecken. Es gibt aber auch einfarbig weiße, rote und schwarze Tiere. Kurzer Kopf. Stehohren. Gedrungener Körper (Kunekune ist ein Wort der Maori; es bedeutet „pummelig"). Kurzbeinig. Stark behaart. Die meisten Tiere besitzen am Unterkiefer „Glöckchen", die im Ursprungsgebiet „Pire Pire" genannt werden.
Zuchtgeschichte: Diese Rasse wird in Neuseeland von den Maoris gehalten. Es wird vermutet, dass Schweine dieser Art von Händlern oder Walfängern aus Asien mitgebracht wurden; möglicherweise kamen sie aber auch auf dem Umweg über polynesische Inseln. Die Tiere hielten sich frei in der Umgebung von Maori-Dörfern auf. Im Rahmen einer Expedition 1984 konnten 18 Tiere dieser Rasse eingefangen werden. Sie bildeten die Grundlage eines Zuchtprogramms. Gegenwärtig ist die Rasse in Neuseeland wieder recht verbreitet. Im Jahr 2004 wurde die Zahl der Individuen auf 5000 geschätzt. Die meisten Tiere stammen aus dem Zuchtprogramm.
Verbreitung: Neuseeland, USA, Großbritannien, einige weitere europäische Länder.
Leistung: Fleisch. Das Fett wird von den Maoris mit Sirup zu einem homogenen Brei verarbeitet. Die Tiere neigen zum Verfetten. Anspruchslos. Frühreif: Eber werden 6 bis 7 Monaten geschlechtsreif, Sauen können schon mit fünf Monaten trächtig werden.
Nutzung: Hauptnutzung Fleisch.
Organisation: The British Kune Kune Pig Society

Eber 100 Sau 90	Eber 306 Sau 250	Devon und Cornwall, GB	***

Large Black

Cornwall, Devon, Lop-eared Black (engl.)

Kennzeichen: Großrahmig. Schwarz. Große Länge und Tiefe des Rumpfes. Hängeohren.
Zuchtgeschichte: Mitte des 19. Jahrhunderts wurden die britischen Schweinerassen auf der Royal Show in große und kleine Rassen eingeteilt. Zu den kleineren Schweinen zählten im Allgemeinen die schwarzen Rassen im Süden und Osten von England. Eine Ausnahme machte nur Large Black, die durch ihre Größe und die Schlachtkörperzusammensetzung einen gewissen Markt befriedigen konnte. Diese Rasse entstand in den Grafschaften Devon und Cornwall, wo sie unter dem Einfluss von Tieren des europäischen Kontinents entstand, sowie aus Schweinen in Ostengland. Sie stellte eine Mischung aus Speck- und Fleischtyp dar und war um 1900 über ganz Großbritannien verbreitet. Das Herdbuch stammt von 1898; 1899 wurde eine Zuchtorganisation gegründet. Im Jahre 1949 gab es noch 926 Eber; danach gingen die Bestände stark zurück. 1985 hatte sich die Zahl der Eber auf 31 reduziert.
Verbreitung: Großbritannien. Nordamerika. Südafrika. Australien. Neuseeland.
Leistung: Robust und widerstandsfähig. Durch die schwarze Farbe wenig anfällig für Sonnenbrand. Umgänglich und nicht aggressiv; ruhiges Temperament. Relativ spätreif. Die Sauen sind fruchtbar und milchreich.
Nutzung: Hauptnutzung Fleisch, untergeordnet Haut/Fell.
Organisation: RBST, MAFF

Eber 70 Sau 65	Eber 225 Sau 150	Schweden	**

Linderöd-Schwein

Linderödssvin (schwed.)

Kennzeichen: Mittelgroß. Braune, graue oder weiße Grundfarbe mit schwarzen Flecken. Gelegentlich fast ausschließlich schwarz oder braun. Starke Behaarung, besonders im Winter. Kompakter Rumpf, langer Rüssel. Relativ langbeinig.
Zuchtgeschichte: Alte, bodenständige schwedische Rasse. Früher gab es auf fast jedem Bauernhof Schweine von diesem Typ. Durch die Spezialisierung der Landwirtschaft und die Zucht fettarmer, europaweit verbreiteter Rassen mit einem hohen Anteil wertvoller Teilstücke, wurde das Linderödschwein in der Nachkriegszeit nahezu verdrängt. Schutzmaßnahmen begannen 1952, indem einige Tiere in den Zoo von Höör in der Provinz Skania kamen. 1992 wurde eine Zählung der verbliebenen Restbestände durchgeführt. Im gleichen Jahr wurde eine Organisation zum Schutz dieser Rasse gegründet. Gegenwärtig gibt es in Schweden ungefähr 70 Zuchten mit jeweils wenigen Tieren. Die Reinrassigkeit der einzelnen Individuen wird durch eine entsprechende Organisation ermittelt.
Verbreitung: Schweden, insbesondere im Süden des Landes. Außerhalb Schwedens fast nur in Zoos. Die Zahl der noch vorhandenen Tiere liegt unter 1000.
Leistung: Langsam wachsend; spätreif. Im Durchschnitt werden pro Wurf sieben Ferkel geboren. Ruhiges Wesen; leicht zu handhaben.
Nutzung: Hauptnutzung Fleisch.
Organisation: Föreningen Landtsvinet, Kampagarden 4157, S – 52400 Herrljunga

Eber 90 Sau 80	Eber 275 Sau 225	Nordengland	***

Middle White

Kennzeichen: Mittelgroß. Weiß. Extrem kurze Schnauze mit eingedellter Profillinie. Stehohren.
Zuchtgeschichte: Die Rasse entstand Mitte des 19. Jahrhunderts in der Grafschaft Yorkshire. Sie ging aus der Kreuzung von Large White und Small White hervor. Die eingedellte Profillinie des Kopfes verrät, dass auch chinesische Schweine beteiligt waren. 1884 wurde ein Herdbuch erstellt. Anfang des 20. Jahrhunderts war sie eine der bedeutendsten Rassen Großbritanniens, und zwar sowohl zahlenmäßig als auch den Export betreffend. Zwischen 1920 und 1925 stieg die Zahl der Herdbuchzüchter auf das Vierfache und in den 30er Jahren war Middle White in London unter den „Porkern“ erste Wahl. Nach dem Zweiten Weltkrieg gingen die Bestände stark zurück, weil die Nachfrage nach leichten Porkern auf dem Londoner Markt abnahm. 1976 gab es nur noch 34 Sauen und 3 Eber. Seit den 80er Jahren des vergangenen Jahrhunderts wieder leichter Anstieg der Individuenzahlen.
Verbreitung: Großbritannien, Japan.
Leistung: Frühreif. Durchschnittliche Wurfgröße etwas mehr als acht Ferkel. Die Sauen sind gute Mütter; sie sind dennoch umgänglich und gutmütig. Mäßige Fleischentwicklung; recht frühe Verfettung. Schlachtung üblicherweise als Porker (50 bis 65 kg Lebendgewicht). In dieser Gewichtsklasse hervorragendes Fleisch.
Nutzung: Hauptnutzung Fleisch.
Organisation: RBST, MAFF

Eber 80 Sau 70	Eber 220–300 Sau 180–270	USA	***

Mulefoot Hog

Mulefooted Swine

Kennzeichen: Mittelgroß. Viele verschiedene Farben und Scheckungen. Gestreckter Kopf. Stehohren. Die dritte und vierte Zehe der Vorderextremitäten stecken in einer einzigen Hornscheide; an den Hinterbeinen ist diese Besonderheit weniger häufig.
Zuchtgeschichte: In den USA gibt es zwei Schweinerassen, bei denen die dritte und vierte Zehe von einer einzigen Hornscheide umgeben ist (Syndaktylie). Beide wurden seit Ende des 19. Jahrhunderts gezüchtet. Um 1900 kam es zu standardisierten Rassen. Anfang des vergangenen Jahrhunderts wurden zwei Zuchtgemeinschaften gegründet, deren Mitglieder ungefähr 250 Bestände von Tieren dieser Rasse hielten. Das Interesse an solchen Schweinen sank jedoch im Laufe der Jahrzehnte; die Zahl der Züchter nahm ab. 1975 wurde die Herdbuchzucht eingestellt; nur ein einziger Betrieb züchtete weiter. Seit etwa 1980 nimmt das Interesse wieder zu. Im Laufe der Zeit sollen Hampshire und Wildschweine (*Sus scrofa*) eingekreuzt worden sein.
Verbreitung: USA, Norden von Mexiko, Kanada
Leistung: Robust und anspruchslos. Bei entsprechender Ernährung frohwüchsig und frühreif. Ausgezeichnete Fleischqualität; mäßiger Verfettungsgrad des Schlachtkörpers. Recht gute Fruchtbarkeit. Gute Muttereigenschaften. Durch die Syndaktylie haben die Tiere eine geringe Auftrittsfläche.
Nutzung: Hauptnutzung Fleisch.
Organisation: ALBC

Eber 65–70
Sau 60

Eber 180–200
Sau 120–150

Brasilien

****

Nilo

Nilo-Canastra

Kennzeichen: Mittelgroßes Schwein. Hellgrau. Keine Borsten. Tiefrumpfig und kurzbeinig. Eingedellte Profillinie des Kopfes, „Glöckchen" am Unterkieferwinkel. Stehohren.
Zuchtgeschichte: Die Vorfahren dieser Rasse wurden von frühen Siedlern nach Brasilien gebracht. Es wird vermutet, dass diese importierten Tiere vom Alentejano in Südportugal abstammen. Dies ist jedoch sehr zweifelhaft, denn das Alentejano-Schwein ist schwarz, hat Borsten und ist langbeinig; außerdem besitzt es einen gestrecken Kopf und Schlappohren. Es stellt also einen völlig anderen Typ dar.
Verbreitung: Süden Brasiliens.
Leistung: Frühreif. Feiner Knochenbau. Mäßig fleischwüchsig. Die Tiere neigen zum Verfetten. Durch ihre Robustheit sind sie gut für die Weidehaltung geeignet. Gute Muttereigenschaften der Sauen. Die Wurfgröße beträgt 6 bis 8 Ferkel.
Nutzung: Hauptnutzung Fleisch.
Organisation: EMBRAPA

Eber 65 Sau 60	Eber 180 Sau 120	Brasilien	****

Piau

Kennzeichen: Mittelgroß. Gelbliche bis rotgelbe oder graue Grundfarbe mit schwarzen Flecken. Diese Flecken nehmen 50 % der Körperoberfläche ein. Leicht hängende Ohren. Gestreckter Kopf.
Zuchtgeschichte: Soll von der Rasse Canastrão abstammen. In den 40er Jahren des vergangenen Jahrhunderts wurden Duroc und Poland China eingekreuzt. Lange Zeit war Piau die häufigste einheimische Schweinerasse Brasiliens. Doch die Bestände sinken drastisch. Piau wurde von europäischen Schweinerassen verdrängt, die besser bemuskelt und fettärmer sind. Die Rasse umfasst gegenwärtig noch ungefähr 50 Eber und 300 Sauen. Eine Tendenz zur weiteren Verringerung der Tierzahl ist gegenwärtig nicht festzustellen. Der Name „Piau" bedeutet „gefleckt" oder „gefärbt".
Verbreitung: Bergland südlich der brasilianischen Hauptstadt Brasilia sowie im Umfeld des Flusses Paranaiba. Ein kleiner Zuchtbestand wird auf einer Farm für gefährdete Haustierrassen in der Nähe der Hauptstadt Brasilia gehalten.
Leistung: Neigt wie alle einheimischen brasilianischen Schweinerassen zu starkem Fettansatz. Robust und anspruchslos. Es gibt verschiedene Typen, die sich in der Größe deutlich unterscheiden. Die durchschnittliche Ferkelzahl pro Wurf liegt bei 7,5.
Nutzung: Hauptnutzung Fleisch.
Organisation: EMBRAPA

Eber 90 Sau 80	Eber 350 Sau 250–280	Württemberg, D	***

Schwäbisch-Hällisches Schwein

Swabian Hall Saddleback (engl.)

Kennzeichen: Kopf und Hals sowie Schwanz und dessen Umgebung schwarz, übriger Körper weiß. Am Übergang von schwarz und weiß weiße Borsten auf schwarzer Haut (Säumungsstreifen). Kopf mit mäßig eingedellter Profillinie; ausgeprägte Schlappohren.
Zuchtgeschichte: Wird in der Literatur Ende des 18. Jahrhunderts zum ersten Mal erwähnt und zeigt damals bereits Ähnlichkeit mit dem heutigen Typ. Anfang des 19. Jahrhunderts Einkreuzung von chinesischen Maskenschweinen. 1927 Einkreuzung von Wessex-Saddleback. Galt schon immer als sehr fruchtbar; die Sauen als milchreich. Nach dem 1 und dem 2. Weltkrieg die weitaus dominierende Rasse in Württemberg. Seit den 60er Jahren des vergangenen Jahrhunderts stetiger Rückgang. War um 1980 fast ausgestorben. Ab 1984 gibt es wieder ein Zuchtbuch. Durch starkes Engagement von R. Bühler, W. Leonhard und anderen bemerkenswerter Aufschwung.
Verbreitung: Schwerpunktmäßig in Württemberg, bedeutende Zuchten aber auch im übrigen Süddeutschland sowie den angrenzenden Ländern.
Leistung: Robustes und vitales Schwein. Die Sauen haben hervorragende Muttereigenschaften. Die durchschnittliche Wurfgröße liegt bei 11,5 Ferkeln. Stressunempfindlich. Vorzügliche Fleischqualität. Tägliche Zunahmen der Mastschweine über 800 g.
Nutzung: Hauptnutzung Fleisch.
Organisation: GEH

Eber 70 *Sau 60*	*Eber 300* *Sau 250*	*Ungarn*	*****

Schwalbenbauch-Mangalitza

Wollschwein, Swallow-Bellied Mangalitsa (engl.)

Kennzeichen: Mittelgroß. Oberseite anthrazitfarben, Unterseite weiß. Dichte Behaarung mit wolliger Kräuselung. Gestreckter Kopf, leicht hängende Ohren. Kräftige Beine. Die Ferkel sind wie Frischlinge gestreift.
Zuchtgeschichte: Mangalitza bildete sich in seiner jetzt typischen Form in der ersten Hälfte des 19. Jahrhunderts heraus. Wesentlichen Anteil hatte dabei das serbische Šumadija, das mit bodenständigen Schweinen Ungarns gekreuzt wurde. 1927 wurde eine Organisation der Mangalitza-Züchter gegründet, die eine Herdbuch-Registrierung einführte. 1935 machten die Mangalitzas noch 94 % der ungarischen Schweine aus. Damals kamen in vielen Betrieben unterschiedliche Farbvarianten vor: blonde, rote, schwarze, schwarzbäuchige; teilweise wurden aber auch Bestände gleichen Typs aufgebaut. Seit jener Zeit kann man vom Schwalbenbauch-Mangalitza als eigenständiger Rasse sprechen. Schon vor einigen Jahrzehnten kam eine Zuchtgruppe in den Berliner Zoologischen Garten. Die Zahl der Tiere steigt leicht an.
Verbreitung: Zahlreiche europäische Länder, insbesondere Deutschland und die Schweiz.
Leistung: Robust und anspruchslos. Gute Mastfähigkeit; Rückenspeckdicke 5 cm. Durch das dichte Borstenkleid gut gegen Witterungseinflüsse geschützt.
Nutzung: Hauptnutzung Fleisch, Haut/Fell.
Organisation: PRO SPECIE RARA, GEH, OMMI

↕ Eber 80 Sau 70	Eber 300 Sau 200	Dänemark	****

Sortbroget

Sortbroget Landrace Svin (dän.), Glöckchen-Schwein, Danish Black Spotted (engl.)

Kennzeichen: Großrahmig. Schwarz-weiß gescheckt; es kommen aber auch rein schwarze und weiße Tiere vor. Leichte Schlappohren. Am Unterkieferbogen ca. 6 cm lange „Glöckchen".
Zuchtgeschichte: Alte dänische Landrasse. Durch die große Nachfrage nach mageren Schweinen mit hohem Anteil an wertvollen Teilstücken wurde das Sortbroget durch andere Rassen weitgehend verdrängt. Es gibt noch etwa 20 Bestände mit insgesamt knapp 200 Tieren. Vor ungefähr 20 Jahren kamen Tiere des Züchters Gorm Benzon von der dänischen Insel Fünen nach Deutschland. Die Tierzahl nimmt weiterhin ab. Ein Herdbuch gibt es seit 1920. Von zwei Ebern wurden Spermaproben als Genreserve tiefgefroren.
Verbreitung: Dänemark. Vereinzelt in Norddeutschland.
Leistung: Leicht zu handhaben. Frühreif. Umfangreiche Würfe. Sehr gute Fleischqualität. Mager.
Nutzung: Hauptnutzung Fleisch, Haut/Fell.
Organisation: Genressource Udvalget, Danish Institute for Agricult. Sci, P. O. B.ox 50, DK – 8830 Tjele

↕	Eber 97 Sau 92	Eber 280 Sau 250		Staffordshire, GB	⚠	***

Tamworth

Kennzeichen: Großwüchsig. Einfarbig bronzefarben bis rot. Langer, gestreckter Kopf. Stehohren. Relativ langbeinig. Kräftiges Fundament.
Zuchtgeschichte: Noch bis Ende des 19. Jahrhunderts wurden alle möglichen Herkünfte eingekreuzt: z. B. Chinesische und Neapolitanische Schweine. Es heißt aber auch, dass Tiere von Barbados, Indien sowie von Irland gekommen sein sollen. Sie wurde nach der Stadt Tamworth in der englischen Grafschaft Staffordshire benannt. Vermutlich trat die rote Farbe zunächst bei bodenständigen Tieren auf. Selbst bei der Rasse Berkshire gab es früher rote Individuen, die Tamworth zum Verwechseln ähnlich sahen. Ein Herdbuch gibt es seit 1884. Anfang des 20. Jahrhunderts war die gewünschte Einheitlichkeit erreicht, aber nun wurde Tamworth von Large White verdrängt. Die Bestandszahlen gingen ständig zurück. 1979 reimportierte der Rare Breeds-Survival-Trust drei Eber aus Australien. Von sieben Ebern wurden Spermaproben als Genreserve eingefroren.
Verbreitung: Großbritannien, USA, Kanada, Australien, Neuseeland.
Leistung: Robust und anpassungsfähig. Spätreif. Geringe Ferkelzahlen pro Wurf. In Großbritannien gehört Tamworth zu den Bacon-Rassen, die im Gewicht von 83 bis 101 kg geschlachtet werden. Magere Schlachtkörper, sehr gute Fleischqualität. Gut für Kreuzungen geeignet.
Nutzung: Hauptnutzung Fleisch, untergeordnet Haut/Fell.
Organisation: RBST, MAFF

↕ Eber 80 Sau 70	Eber 200 Sau 160	Kroatien	⚠ *****

Turopolje

Turopoljska Svinja (kroat.)

Kennzeichen: Großrahmig. Schwarze Flecken auf hellgrauem oder gelblichem Grund. Starke Behaarung. Gestreckter Kopf, leichte Schlappohren. Kräftige Beine; dunkle, sehr harte Klauen.
Zuchtgeschichte: Es wird angenommen, dass die Vorfahren dieser Rasse von den Kroaten aus ihrem Ursprungsgebiet östlich der Karpaten mitgebracht wurden. Das Turopolje ist daher eine bodenständige Schweinerasse der Provinzen Turopolje und Posavina. Später wurden Siška- und Krškopolje-Schweine eingekreuzt. Schon im 17. Jahrhundert wurden Schweine aus Österreich eingeführt und mit den bodenständigen Tieren gekreuzt. Während der zweiten Hälfte des 19. Jahrhunderts und bis zum 2. Weltkrieg war Turopolje in Österreich und Ungarn sehr gefragt; es wurde damals weit über das ursprüngliche Zuchtgebiet hinaus gehalten. Danach starb die Rasse nahezu aus. Nur in Mittel-Kroatien überlebten Restbestände. Sie leben dort extensiv und ernähren sich weitgehend von dem, was sie in Wäldern und Sümpfen finden. Es besteht ein Zuchtbuch. In Österreich gibt es seit 1996 ein Herdbuch.
Verbreitung: Turopolje und Posavina (Kroatien, östlich von Zagreb). Österreich. Deutschland.
Leistung: Robust und genügsam. Fettschwein. Lebt in Sümpfen und Flussauen. Ernährt sich weitgehend selbst.
Nutzung: Hauptnutzung Fleisch.
Organisation: Arche Austria

Eber 80 Sau 70	Eber 250 Sau 200	USA	**

Wattle Hog

Red Wattle (engl.)

Kennzeichen: Mittelgroß. Es kommen schwarze, weiße, rote und gescheckte Tiere vor, sowie solche mit weißen Abzeichen. Das besondere Kennzeichnen sind die vom Unterkieferwinkel herabhängenden „Glöckchen". Stehohren mit hängender Spitze.

Zuchtgeschichte: In jeder Schweinerasse kommen gelegentlich Tiere mit Glöckchen vor. Besonders hoch war ihr Anteil in Texas. Hier erschienen derartige Tiere Ende des 19. Jahrhunderts. Große Verbreitung fanden sie damals nicht. Sie waren zu mager um die damaligen Ansprüche an Schweinefleisch befriedigen zu können. Die Tiere wurden extensiv gehalten und verwilderten zum Teil. Ein Mr. Wenglar konnte 1965 drei rote Tiere erwerben, die er zur Grundlage einer Zucht machte. Die Tiere wurden bekannt und fanden weitere Liebhaber. Vor einigen Jahrzehnten wurden Schweine mit Glöckchen der Standardrassen sowie diese halb verwilderten Schweine im Osten von Texas zu einer Population zusammengefasst. Seit den 80er Jahren des vergangenen Jahrhunderts gibt es drei Vereine, die sich mit der Zucht solcher Tiere befassen und Zuchtbücher führen. Eine eigentliche Zuchtorganisation existiert nicht. Deshalb bestehen über die Zahl der vorhandenen Tiere nur ungefähre Vorstellungen.

Verbreitung: USA, Kanada.

Leistung: Robust. Frohwüchsig. Frühreif. Mageres Fleisch.

Nutzung: Hauptnutzung Fleisch.

Organisation: ALBC

Eber 85
Sau 75

Eber 280
Sau 240

Litauen

****

Złotnicka Pstra

Zlotniki Black and White (engl.), Zlotniki Spotted (engl.)

Kennzeichen: Mittelgroß. Schwarze Flecken auf grauem oder gelblichem Grund. Schlappohren.
Zuchtgeschichte: In den 40er Jahren des vergangenen Jahrhunderts wurden in verschiedenen Gegenden Polens gelegentlich noch primitive langohrige Schweine gehalten. Aus ihnen, vor allem aber aus Schweinen, die von Polen aus der Gegend von Vilnius/Litauen in die Gegend von Allenstein gebracht worden waren, wurde zwischen 1944 und 1950 eine eigenständige Rasse geschaffen. Man kreuzte die ursprüngliche Form mit Large White. Seit 1962 kann man von einer durchgezüchteten Rasse im heutigen Sinn sprechen. Gegenwärtig werden in Polen nur noch Restbestände gehalten. Die Rasse wurde nach der Versuchsstation „Złotnicka" der landwirtschaftlichen Hochschule Posen benannt. Der Erhalt der Rasse wird staatlich unterstützt. Die Bestände steigen wieder leicht an. Ein Herdbuch besteht seit 1962.
Verbreitung: Nordwest- und Zentralpolen.
Leistung: Ursprünglich sowohl auf Fett als auch auf Fleisch selektiert, nimmt die Rasse nun eine Zwischenstellung zwischen Fett- und Fleischschwein ein. Sehr gute Fleischqualität. Kerniger Speck. Halothan-negativ; wenig krankheitsanfällig. Gut für Kreuzungszuchten geeignet. Spätreif. Umgänglich.
Nutzung: Hauptnutzung Fleisch.
Organisation: Centralna Stacja Hodowli Zwierzat, ul. Sokolowska 3, PL – 01142 Warszawa